잘 들렀다 갑니다

단 하룻밤 머물다 갈지라도 평생에 걸쳐 그리울, 숙소에세이

잘 들렀다 갑니다

글·사진 맹가희

harmonybook

Contents

제1장

언제든 다시 머물고 싶은

제2장

언제나 이유는 사람

Contents

제3장

어쩌다 머물게 되었더라도

제4장

걷다 들르는 집

제1장

언제든 다시
머물고 싶은

바라나시의 낡은 담요가 꾸던 꿈

- *계속해서 길을 잃었지만 계속해서 바라나시의 꿈 속이었다.*

나의 첫 해외여행지는 인도 바라나시(Varanasi)였다. 대학을 일 년 반 다닌 후, 휴학 중이었고 아르바이트를 하며 모은 돈으로 여권을 만들고, 비자를 받고, 비행기표를 샀다. 그러고 나니 10만 원가량이 남아있었다. 열흘 동안 하루에 만 원씩 쓰면 되겠구나 생각하고, 바라나시 갠지스강 사진을 본지 정확히 일주일 뒤 떠났다.

여행 준비를 할 시간도 없었고, 여행을 어떻게 해야 하는지도 모른 채 무턱대고 출발한 후 인천공항에 가서야 막막해지기 시작했다. 그래도 잠 잘 곳 정도는 미리 정하고 가야겠지 싶어 공항 한편에 마련된 서점에서 인도 가이드북을 살펴보기 시작했다. 바라나시 페이지에서 숙소 항목을 찾아 저렴한 곳의 이름을 냉큼 적었다. 그 숙소의 바로 맞은편 식당 이름이 모나리자여서, 그 식당을 먼저 찾으면 되겠다는 다부진 계획을 세웠다. 그렇게 거의 꼬박 하루의 시간이 지난 후, 나는 바라나시 공항으로 입국하는 몇 안 되는 외국인 중 하나가 되었다. 공항 직원이 건넨 "Enjoy India"로 나의 첫 해외여행이 시작되었다.

바라나시에서 느끼는 모든 것은 내게 처음이었다. 그것은 단지 새로운 장소와 새로운 사람들로부터 오는 감촉이 아니었다. 바람조차도 다르게 느껴졌고, 간판에 쓰인 모든 글자들은 숨겨져 있던 알 수 없는 나의 욕망을 꿈틀거리게 하기에 충분했다. 나마스떼,라고 인사하며 주고받는 눈빛은 매번 새로웠고, 하루에 세네 잔씩 마시는 차이 티는 마실 때마다 맛이 오묘하게 달랐다.

바라나시에서 열흘 동안 머물렀던 숙소도 많은 의미에서 처음이었다. 누군가 정해준 것이 아닌 나 스스로 정해서 잤던, 스스로 처음 써보는 화폐를 내고 잤던, 해외여행을 떠나 처음으로 잤던 숙소였던 것이다. 어두컴컴한 방 안, 삐그덕 거리는 싱글 침대 두 개와 더러운 창문, 마음에 들리가 없는 화장실. 공항에서 이동 후, 다섯 명이 넘는 사람들에게 '모나리자' 식당의 위치를 물어보고 찾아가니 이미 해가 뉘엿뉘엿 지고 있을 때여서 더 이상 다른 숙소를 찾아볼 여력이 없었다. 그렇기에 어쩔 수 없이 인천공항에서 처음 마음먹은 대로 그 숙소에 짐을 풀었다. 내 물건을 여기저기에 늘어놓으면, 방의 더러운 것들이 내 물건 속으로 깊이 침투할 것만 같았다. 차마 베고 잘 수 없을 정도로 눅눅한 배게 위로는 머리 대신 발을 올려놓았다.

숙소의 전기는 자주 나가기 일쑤였다. 그때까지 험난한 태풍이 몰아칠 때 말고는 겪어본 적 없던 정전이 아주 쨍한 날, 그것도 밥 먹는 횟수보다도 자주 생기니 그것 또한 새로웠다. 화장실에는 작은 창문이 있었는데, 그것은 건물의 복도인지, 다른 어느 비밀스러운 곳인지 모를 곳과 연결되어 있는 것 같았다. 안 그래도 그 창문을 통하여 누군가 샤워하는 나를 쳐다보는 것이 아닐까 걱정하곤 했는데, 정전이 되면 그런 걱정을 하지 않아도 되어 한결 다행스러웠다.

사실 14년이 지난 지금은 그 이유를 명확히 기억할 순 없지만, 그 당시에는 내가 묵고 있는 숙소가 마피아 조직에 의해 운영된다고 믿었다. 건너편 모나리자 식당에서 들은 건지, 차이 티를 자주 마시던 가게에서 들은 건지는 기억이 나지는 않지만 말이다. 아니면, 워낙 인도 여행에선 아무도 믿지 말고 조심해야 한다고 귀에 못이 박히게 들었기에 그들을 마피아라고 여겼는지도 모르겠다. 그때까지 마피아 조직을 본 적도 만난 적도 없으면서 말이다. 그래서 늘 숙소에서 발소리와 숨소리를 최대한 내지 않고 걸으려 노력했다. 또한 열흘을 머물며 청소 한 번 요구하지 않았다. 일을 시킨다고 해코지를 하거나 숙박 요금을 말도 없이 더 내라고 할까 봐 무서웠다. 그때 내가 최고로 소중히 지니고 있던 것은 다름 아닌 선불로 지불한 숙박요금 영수증이었다.

쨍한 밖의 햇살은 한 가닥도 들어오지 않는 방, 흐릿한 전등 아래에서 작은 수첩에 그 날 만난 사람들, 먹은 것들, 길에서 배운 쉬운 인사말 몇 가지를 적곤 했다. 뭐라고 표현해야 할지 모를 온갖 감정들을 어떻게 해서든 풀어 적어보려 애썼다. 일기를 다 쓰고 난 후에는 삐그덕 거리는 침대 위에 누워 낡은 담요를 덮고는 하루 내 들이마신 온갖 새로운 것들을 밤새 소화시키느라 바빴다.

그렇게 숙소는 내가 바라나시에서 유일하게 모든 것을 내려놓을 수 있는 곳이 되었다. 온갖 낯설고 신비로운 것들에 눈과 마음을 빼앗기고 난 후 숙소로 돌아오면, 내 물건들이 방에 적응을 하여 함께 퀴퀴하게 섞여 들어간 냄새를 맡고 비로소 안도감을 느꼈다. 여기서 어떻게 바지를 내리고 볼 일을 보나 싶었던 화장실은 바라나시에서 내게 최고로 편한 화장실이 되어있었다. 더러운 창문으로 좁은 골목을 내려다보는 대신 건물의 옥상에 올라가서 세상을 다 가진 것 같은 만족감을 느끼기도 했다.

꿈을 꾸는 듯한 하루하루를 마감하고, 낡은 담요 속으로 몸을 누이면 매일마다 꿈을 꾸었다. 그곳에서 꾼 꿈들은 나를 다른 어느 곳으로도 데려가지 않았다. 그저 꿈에서도 조금 더 바라나시를 누빌 수 있도록, 눈부신 광경을 계속해서 온몸으로 느낄 수 있도록 해주었다. 한낮 동안 온몸에 머금었던 바라나시의 뜨거운 햇빛이 꿈꾸는 담요 속으로 희미하게 스며들어갔다. 모두가 잠든 시간에 나는 그 얇은 한 줄기 낮의 햇빛을 잡고 컴컴한 밤의 골목 속을 계속해서 걸었다.

갠지스강에 가까이 다가갈수록 희미했던 빛은 점점 진해져 갔다. 밤의 강물에 빛을 비추면, 갠지스강은 그 안에 감춰진 이야기를 하나씩 들려주곤 했다. 한낮에 빛나는 태양 아래의 가트(Ghat)에 누워있을 때처럼, 쏟아지는 달빛 아래의 가트에서 온갖 여유로움을 다 부렸다. 한낮에 아무 하고나 별 거 아닌 이야기를 세상 가장 중요한 이야기처럼 나누었듯이, 한밤에도 조곤조곤 갠지스강에서부터 흘러나오는 이야기를 마치 세상 가장 중요한 것처럼 들었다.

여러 차례 길을 헤매다, 신비로운 향기를 쫓아 가보기도 했고, 삶과 죽음의 경계가 있다면 이 곳에서 나눠질 수도 있겠다 싶은 광경에 넋을 놓아 보기도 했다. 계속해서 길을 잃었지만 계속해서 바라나시의 꿈 속이었다. 낡은 담요도, 삐걱거리는 침대도, 곰팡이가 잔뜩 핀 방의 벽들도 나를 더 이상 그 어떤 곳으로도 데려가지 않았다.

빠이에서 찾은 나의 첫 방갈로

- 나의 첫 방갈로는 내게 첫 섬이었다.

나는 섬을 좋아한다. 그렇게 말하면 많은 사람들이 대부분 왜 섬을 좋아하느냐고, 섬은 무섭고 음침하고 외롭지 않으냐고 반문한다. 섬은 섬의 밖에서 보면 외롭지만 섬 안에서 보면 자유롭다. 심란하고 인상을 쓰게 만드는 많은 것들을 등지고서, 굳이 관심이 가지 않는 것에 억지 미소를 짓지 않아도 괜찮은, 조금 더 작은 것들을 발견하고 이내 그것들이 가장 큰 것이 되어 애착을 가질 수 있는 곳이 내게는 섬이다. 혼자만 붕 떠있는 것 같지만, 이내 모여드는 것들이 생기고, 그 안에서 우리만의 관계를 만들어나갈 수 있는 곳. 혼자이고 싶을 때 찾지만, 이내 그곳에 같은 생각으로 흘러온 이들과 함께 풍경을 이루는 곳. 모든 익숙한 규율을 벗어던져도 참으로 괜찮고, 무슨 생각이든 이야기해도 사방에서 들어주는 곳.

내게 방갈로는 섬과 같은 곳이다. 처음으로 방갈로에서 나만의 시간을 가져본 것은 태국의 빠이(Pai)에서였다. 원래 숫자에 약해서, 내가 얼마를 썼는지 기억하는 것을 정말 힘들어하지만, 희한하게도 이때 방갈로 금액은 아직도 정확히 기억한다. 하루에 8천 원씩, 열흘을 같은 방갈로에서 머물렀다. 작은 정원에 주르륵 줄 맞춰 있던 고만고만한 크기의 방

갈로, 그중 하나의 방갈로를 배정받고 얼마나 신이 났었는지 모른다. 몇 개의 계단을 올라가면 있던 나만의 작은 테라스, 문을 열고 들어가면 테라스가 내다보이는 창문이 반겨주고, 화장실로 향하는 문과 침대가 다소곳이 멈춰 있던 나의 첫 방갈로.

　방갈로에 들어서는 것은 섬으로 들어가는 것과 같았다. 오직 나만을 위한 공간이었고, 그곳에서 나는 세상 온갖 것들로부터 멀어질 수 있었다. 나만의 작은 공간은 매일 미묘하게 표정이 바뀌었다. 그것은 날씨에 영향을 받기도 하고, 창 밖의 정원에 찾아오는 서로 다른 새의 울음소리에 영향을 받기도 했다. 내가 만난 사람들과 주고받은 기분 좋은 표정이 하루 종일 방갈로 천장에 두둥실 떠있기도 했고, 주고받은 수줍은 인사말이 하루 종일 방갈로 방을 따뜻하게 해주기도 했다.

나의 첫 방갈로는 내가 완벽하게 혼자 시작한 첫 여행이었다. 이전의 여행에서는 함께 출발하는 친구나, 현지에서 만나기로 한 친구가 있었다. 게다가 그렇게 오랜 기간 동안 홀로 나만의 공간을 가져본 것도 처음이었다. 당시 가족과 함께 살고 있었고, 혼자 외딴곳에서 숙박을 하더라도 길어야 이틀 밤이었다. 모든 것이 익숙하지 않은 곳에서 나만의 공간을 갖는다는 것은 계속해서 여행을 떠날 충분한 이유가 되어주었다.

앞의 오일 동안은 완벽하게 혼자였고, 뒤의 오일 동안에는 빠이에 살거나, 오래 머물고 있는 여행자들과 시간을 많이 보냈다. 여행지에서 만난 사람들과 그곳에서만 나눌 수 있는 이야기를 나누고, 밤이 깊어가는 것을 걱정하지 않으며 시간을 보내고, 오직 빠이만이 세상에 숨겨진 가장 안전한 곳인 것처럼 온몸으로 그곳을 즐겼다.

빠이에 오래 머문 사람들이 알려준 대로 아침엔 골목길 어딘가에 가서 죽을 사다 먹기도 하고, 현지 스타일의 옷을 사 입고는 로컬 펍을 다녔다. 함께 오토바이를 타다가 벌에 쏘인 여행자를 위해 병원에 가기도 하고, 태국에서 유행하는 머리 스타일을 해보기 위해 동네 미용실을 찾아가 보기도 했다. 여행자들에게 인기를 끄는 멋들어진 갤러리 대신 여러 나라에서 흘러 들어온 온갖 중고 책이 있는 서점을 자주 찾았다. 그렇게 하다 보니 빠이는 더 이상 여행지가 아니라 나의 일상처럼 느껴졌고, 나는 여행자가 아니라 빠이의 한 소박한 방갈로에 살고 있는 사람처럼 느껴졌다.

당시에 상당히 많은 중국 관광객들이 빠이로 여행을 오고 있었다. 중국에서 큰 인기를 끌었던 드라마 촬영을 빠이에서 했다는 것이 그 이유였다. 그에 맞춰 예술가들이 모여 사는 조용한 산골 마을인 빠이에 관광객들의 입맛에 맞추기 위해 으리으리한 숙소들이 줄줄이 지어지고 있었다. 빠이는 메인 도로의 끝에서 끝으로 걸어서 30분도 안 걸릴 만큼 작은 마을인데, 그렇게 많은 숙소가 지어지느라 빠이에 본래 거주하던 주민들은 오히려 산골 깊숙한 곳으로 점점 밀려나고 있었다. 나는 다른 여행자들과 함께, 마치 그것이 세상에서 가장 중요한 일인 것처럼 심각하게 이야기를 나누곤 했다. 우리도 여행을 하러 흘러 들어온 여행자이면서, 마치 우리와는 다른 여행자들로부터 빠이를 지켜내는 사명을 가지게 된 것처럼 말이다.

빠이에서의 시간은 나의 그 작은 방갈로에서 시작하여 방갈로에서 끝이 났다. 빠이에 나만의 공간이 있다는 것은 정말 전에 없던 설렘이었다. 무슨 생각을 해도 괜찮았고, 어떤 걱정이 밀려와도 방갈로의 테라스에서만 머물다 갔다.

나의 첫 방갈로는 내게 첫 섬이었다. 모든 걸 잊어도 죄책감이 들지 않았고, 속마음을 아무렇게나 드러내고 있을수록 편안해졌다. 자유로웠고,

평화로웠으며, 그보다 더 만족할 수 없었다.

혼자만 흘러 들어가 어중간한 높이에 떠있는 것 같았지만, 나보다 먼저 흘러 들어온 이들을 만나 그들과의 관계를 이루어 나가던 곳. 혼자이고 싶을 때 혼자일 수 있고, 또 다른 혼자이고 싶은 사람들과 함께 무리를 이루어 섬이 되던 곳. 모든 익숙하던 것들은 잊힌 것이 되고, 새로운 것들이 익숙한 것이 되던, 무슨 생각이든 이야기해도 사방에서 들어주던, 나의 첫 방갈로.

광장 예찬

- 그리고 다시 그곳에 가야 할 이유

오랜만에 피란을 다시 찾았다. 4년 만이었다. 피란은 슬로베니아의 왼쪽 하단 끄트머리에 있는 작은 바닷가 마을이다. 스위스 로잔에서 차를 타고 이동했다. 약 800km에 이르는 거리기 때문에 이탈리아에서 하룻밤을 보낸 후, 최종 목적지인 피란은 집을 떠난 다음 날에야 도착할 수 있었다.

피란은 굉장히 작은 마을이어서 마을 입구 주차장에 차를 세워놓고 버스를 타고 들어가야 했다. 다행히 무료 셔틀버스가 운행되고 있었다. 버스를 타고 서서히 피란의 중심부로 들어가는데, 가슴이 조금씩 뛰기 시작했다. 오래전 애인을 만나러 가는 기분이었다. 우리 둘은 너무 사랑하는데 환경이 따라주지 않아서 어쩔 수 없이 헤어져야 했던 그런 애인.
아는 길을 지나가고, 4년 전에 파란색 카디건을 샀던 가게를 지나가고, 정박된 보트들의 옆을 지나갔다. 그리고 드디어 피란의 광장이 나올 차례였다. 내 심장은 더욱 쿵쾅거렸다.

버스는 광장 앞에서 멈췄고, 승객들은 각자의 짐을 들고 우르르 내렸다. 오랫동안 그리워하던 광장이 비로소 눈앞에 있었다. 여전한 모습이었다. 계절만 바뀌었을 뿐이었다. 세월의 흔적도 찾아볼 수 없을 만큼 여전히 야무진 모습이었다. 깨끗한 광장으로 햇빛이 잔뜩 들어왔다. 연한 파스텔 톤의 건물들이 햇빛을 받아 반짝였다.

광장을 중심으로 한쪽은 바다와 가깝고, 한쪽은 좁은 골목길들의 시작점이었다. 나의 숙소는 바로 그 몇 갈래의 골목길 중 하나에 자리 잡고 있었다. 작은 스튜디오 형태의 숙소였고, 창문 중 하나는 광장을 향해 나 있었다. 그런데 바로 옆의 건물과 거리가 상당히 좁았기에, 광장을 제대로 내다보려면 창문 앞에서 몸의 각도를 맞추어 틀어야 했다. 그러면 숙소 바로 아래 카페의 테라스에서 오후를 보내는 사람들이 보였고, 그 뒤로 광장, 그리고 그 위로 피란의 파란 하늘이 펼쳐져 있었다.

나는 피란의 어귀에 머물며 광장의 숨결을 계속해서 느꼈다. 그 광장은 파리의 방돔 광장처럼 럭셔리하지도 않고, 브뤼셀의 그랑플라스처럼 야경이 화려하지도 않고, 베네치아의 산마르코 광장처럼 웅장하지도 않았다.

피란의 광장은 참 소박했다. 피란의 소박한 모습이 그대로 반영되어 있었다. 그렇다고 초라한 것은 결코 아니었다. 멋 부리지 않았지만 진솔한 맛이 느껴졌다. 활기차면서도 시끄럽지 않았고, 단순하지만 눈 둘 곳이 많았다. 광장의 중심에는 바이올리니스트이자 작곡가인 주세페 타르티니(Giuseppe Tartini)의 청동상이 세워져 있었다. 그의 이름을 본떠서 광장의 이름도 타르티니 광장이다.

나는 피란에서 세 밤을 보냈다. 매일매일 일몰을 보고, 바다를 보고, 작은 골목들을 걸었다. 행복하지 않은 순간이 없던 피란에서의 가을이었다. 하지만 내가 가장 사랑한 순간은 숙소 바로 아래에 있는 카페의 테라스에서 아침 식사를 할 때였다.

베리류의 과일이 올려진 3단 팬케이크를 먹기 좋은 크기로 썰어 듬뿍 올려진 소스를 찍어 먹는 일, 호호 불며 따뜻한 카푸치노를 마시는 일, 광장을 가로질러 어딘가로 향하는 누군가를 바라보는 일, 단체 여행을 온 오스트리아 학생들의 독일어 억양을 듣는 일, 뒷자리에 앉은 목소리가 많이 쉰 할아버지의 이야기를 엿듣는 일, 주세페 타르티니의 청동상 앞에서 셀카를 찍는 이들의 표정을 살피는 일. 어느 하나 소중하지 않은 순간이 없었다.

4년 전 피란을 찾았을 때에는 날씨가 상당히 흐렸다. 겨울이었기 때문이다. 작은 광장에도 안개가 가득 들어차 있었다. 그때 주세페 트리니티의 청동상 위로 연말 분위기를 내기 위한 바이올린 모양의 색깔 전구들이 달려있었다. 그런데 밤까지 계속된 안개 때문에 그 모습조차도 제대로 볼 수 없는 지경이었다. 피란을 떠나는 날이 되어서야 맑은 하늘이 펼쳐졌고, 나는 그제야 피란의 진가를 두 눈으로 볼 수 있었다. '하루만 더 있으면 좋겠다.'는 마음이 꼭 다시 피란을 가야 할 이유가 되었던 것이다.

이번에는 머무는 내내 맑지 않은 순간이 없었다. 아침저녁으로는 기모 후드를 입으면 딱 좋고, 낮의 햇빛 아래에서는 반팔, 그늘에서는 셔츠 하나 더 챙겨 입으면 딱 알맞은 여행하기 참 좋은 온도였다. 다시 오길 참

잘했다고 생각했다.

 피란에서의 마지막 날 아침, 어김없이 숙소 아래의 카페에 아침 식사를 하러 갔다. 그런데 내가 꼭 다시 먹고 싶던 팬케이크가 안된다고 했다. 나는 실망스러웠지만, 이 참에 다른 메뉴도 먹어봐야지 하며 에그 베네딕트를 주문했다. 까르보나라 한 접시를 끝내는 게 쉽지 않을 만큼 느끼한 음식을 잘 먹지 못하는 나에게, 에그 베네딕트는 아침 식사로 상당히 어려운 메뉴였다. 너무 느끼한 나머지, 카푸치노를 먹으면서도 에스프레소를 한 잔 더 마셔야 할 것 같은 느낌이 들 정도였다.

마지막 날 아침에 팬케이크를 먹지 못한 것이 그렇게 아쉬울 수가 없었다. 그리고 난 다시 피란에 가야 할 이유를 찾아내었다. 꼭 그 카페에서 팬케이크에 카푸치노를 마시기 위해서.

그렇게 완벽하지 않은 아침식사를 마치고 무료 셔틀버스에 올랐다. 버스가 출발하는데 왜 그리도 마음이 헛헛한지, 숙소에 두고 온 것도 없으면서 다시 숙소로 돌아가야 할 것 같은 마음이었다. 그런 내 마음도 몰라주고 버스는 마을을 점점 빠져나갔다. 주차장 앞에 도착하여 내키지 않는 마음으로 하차했다. 그리고 주차장 앞에 세워진 커다란 표지판을 보았다. 거기에는 피란에 온 것을 환영한다고 적혀있었다. 표지판 속 피란의 모습이 너무 아름다워 눈물이 고였다. 나는 환영한다는 표지판에 대고 눈물 고인 작별 인사를 했다.

슬로베니아에서 이탈리아로 향하면서도 나는 피란의 아름다운 광장의 모습을 계속해서 음미했다. 그렇게 열심히 피란을 즐기고 왔음에도 애틋한 감정이 맴돌았다. 벌써부터 그리워진 것이다. 나는 또 피란으로 향할 궁리를 할 것이다. 이기적 일지 모르지만 그 모습 그대로 남아주기를 바라면서.

골목을 채우는 인사

 – 마음 놓고 길을 잃어도 될 이유

소설책 한 권을 선물로 받은 적이 있다. 배경은 모로코였다. 책을 읽는 내내 모로코가 펼쳐졌다. 가본 적도 가보고 싶어 한 적도 없던 나라였다. 하지만 소설의 텍스트가 이루어낸 모로코의 모습에 온통 마음을 빼앗겼다. 단숨에 책을 읽어 내려간 후, 나는 바로 비행기 티켓을 찾아보았다.

때가 좋았다. 나는 당시 파리에서 일 년 반째 지내고 있었고, 비자가 만료되기까지 두 달의 시간이 있었다. 파리에서 에사우이라(Essaouira)로 가는 직항 티켓을 쉽게 구할 수 있었다. 에사우이라, 소설 속에 나오는 모로코의 도시 중 하나. 주인공이 이야기하는 '미로 같은 골목'이 나를 그곳으로 이끌었다.

일단 편도 티켓을 샀다. 길게 있으면 한 달 있다 오겠지, 싶었다. 그때는 내가 모로코에 두 달 가까이 있을 줄 몰랐고, 그 여정 중 반을 에사우이라에 있게 될 줄은 더욱 몰랐다.

에사우이라 공항에서 택시를 잡아타고 숙소 이름을 댔다. 하지만 택시가 날 내려놓은 곳은 에사우이라의 메디나 앞이었다. 택서 기사는 메디나 입구를 가리키며 쭉 들어가라는 손짓을 보였다. 조금 난감했지만 일단 내렸다. 택시 문을 열자 확 풍겨오는 바다 냄새가 코끝을 찔렀다. 벽으로 둘러싸인 메디나의 입구를 보며 침을 꼴깍 삼켰다. 어디 한번 들어와 보라며 입을 쩍 벌리고 있는 것 같았다. 메고 있는 가방끈의 양쪽을 꾹 잡고 메디나 안으로 발길을 향했다. 바다 냄새가 희미하게 옷깃에 묻어 따라왔다.

일단 메디나 안으로 들어가긴 했는데 어디로 가야 할지 몰랐다. 보이는 것은 골목길과 또 다른 골목길과 저 멀리 골목길이었다. 유심칩은 아직 사지 못했고, 와이파이가 터질 리도 없었다. 알고 있는 것은 숙소 이름과 주소뿐이었다. 나는 지나가는 사람에게 숙소 이름을 말하며 길을 물어보았다. 내 발음이 영 아니었던지, 그 뒤로도 3명의 로컬에게 물어보고 나서야 숙소를 찾을 수 있었다. 나중에 알고 보니 그리 어려운 길이 아니었지만, 그때는 돌이킬 수 없는 미로에 빠진 것 같아 식은땀을 줄줄 흘리고 있었다.

그렇게 모험을 하듯 예약한 리아드에 도착했다. 리아드는 모로코의 전통적인 숙소 양식이다. 건물의 가운데가 뻥 뚫려있고, 네 면이 복도와 객실로 쭉 둘러져 있다. 어느 층에서든 맨 아래층이 보이고, 건물의 천장이 보인다. 대게 유리로 덮여 있는 리아드의 천장을 통해 들어오는 빛이 리아드의 모든 층의 복도를 훑고 가장 아래층까지 비친다.

로비는 작고 컴컴했다. 숙소 직원이 활짝 웃으며 반겨주었다. 그제야 마음이 놓였다. 체크인을 하고 내 방을 찾아 올라갔다. 어찌 될 줄 몰라 일단 세 밤만 예약한 방이었다.

나는 숫자 9가 큼지막이 적힌 방으로 들어갔다. 가장 작은 방이고 창문이 없어서 그런지 조금은 답답한 느낌이었다. 침대 하나 덜렁 있는 방에 앉아 천장을 바라보았다. 천장은 높았다. 그 높은 공간으로 어둠이 층층이 쌓여 있었다. 메디나의 미로 속에 갇혀 모든 어둠을 끌어안은 채 그렇게 한참을 있었다. 나는 천천히 미로 속으로 가라앉았다.

정신을 차리게 한 것은 허기짐이었다. 파리에서 출발하며 아침도 제대로 먹지 못한 것이 생각났다. 나는 그 어둠 속에 가방을 훅 던져놓고 거리로 나섰다.

숙소에서 나와 골목으로 조심스레 발을 담갔다. 여기저기에서 온갖 대화들이 골목을 가득 채워 나가고 있었다. 각 언어의 인사말들도 들려왔다. 봉쥬르, 헬로, 살람, 곤니찌와, 짜오, 나마스떼. 골목 안으로 더 걸어가자 그 인사말들은 나를 향해서도 달려오기 시작했다.

얼마 지나지 않아 나를 향해 유독 반갑게 들려오는 인사에 저절로 고개가 돌아갔다. 모로코 전통의상을 파는 가게에서 들려온 인사였다. 일면식도 없는 사이인데 마치 어제 술이라도 한잔 같이하며 비밀 이야기라도 주고받은 듯한 반가운 표정이었다. 그냥 지나칠 수가 없어 대꾸한 대화는 한두 마디가 더 보태어지고, 또 보태어지고 하다 보니 생각보다 오래 이어졌다. 나는 결국 가게 안에 자리를 잡고 앉은 꼴이 되었다.

이어서 그의 큰 형과 조카도 가게로 왔다. 잇따라 그의 둘째 형도 도착했다. 그의 손에는 잘 구워진 정어리가 있었다. 냄새가 끝내주었다. 그들의 늦은 점심이었다. 나의 침 넘어가는 소리를 들었은 것일까, 그들이 나를 향해 말했다.

"같이 먹어요! 생선 넉넉해요."

그렇게 나는 그들과 에사우이라에서의 첫 끼를 함께 했고, 메디나 안에서 나의 첫 이웃을 만들었다.

정어리 구이로 배를 채우고 다시 골목을 나섰다. 과연 소설책에서 읽었던 것처럼 메디나의 골목은 미로 같았다. 상점들이 죽 늘어선 메인 골목, 그 사이사이마다 이어진 다양한 너비의 골목들. 너무 좁아서 이 길로 가도 되는 걸까 싶었던 길은 알고 보니 로컬들이 자주 이용하는 지름길이었고, 낮에는 잘 몰랐는데 밤이 되니 바퀴벌레가 우글거리는 골목도 있었다. 다양한 색의 카펫, 방석, 쿠션을 파는 가게들이 이어진 곳은 화려함으로 여행자를 유혹했고, 모로코의 모습을 담은 그림들은 나의 시선을 사로잡았다.

나는 골목 속으로 더 깊숙이 들어갔다. 그 안에서 인사를 주고받을 때마다 나는 굳은 표정을, 오래된 긴장을, 아직 오지 않은 날들에 대한 걱정을 내려놓았다. 시간도 많고, 날씨도 맑고, 기분도 좋았다. 메디나의 골목 안에서 마음 놓고 길을 잃어도 될 이유가 충분했다.

골목 끝까지 헤매다 돌아오면 내 방이 있었다. 골목의 어디를 돌아다녀도 메디나 안에 내가 맘 놓고 편히 쉴 수 있는 곳이 있다는 것은 커다란 안도감을 주었다. 메디나의 어느 귀퉁이에 자리 잡은 숙소를 따라 나도 거기에 계속해서 머물고 싶었다.

결국 나는 그 숙소에서 네 밤을 더 잤다. 작은 도시의 메디나에 단단히

마음을 뺏겨 버렸기 때문이다.

하루를 잘 보내고 숙소의 옥상으로 올라가 맥주 한잔을 홀짝이고 있으면 어두워진 메디나가 한눈에 들어왔다. 여러 번 길을 잃고, 여러 번 인사를 주고받던 골목들이었다. 고만고만한 높이의 건물들 사이로 들려오는 다정한 인사들이 메디나의 골목을 가득 채운 후 나의 귓가에 닿는 그 순간이 참 좋았다.

나는 그 인사들을 귓가에 간직한 채 방으로 내려갔다. 마치 하루라는 '막'이 끝나고 다음 날이라는 또 다른 '막'을 준비하기 위해 무대 위의 조명이 어두워지는 것처럼, 컴컴한 방으로 돌아갔다.

하루의 시간 동안 품고 다닌 한낮의 태양을 방 안에 살포시 풀어놓았다. 어둡고 작은 방이 조금씩 밝아졌다. 눈을 몇 차례 비비고 방 안을 둘러보면 어느덧 저 구석까지 밝아져 있었다. 창문 없는 방 안에서, 빛은 어디로 나가지도 못한 채 그렇게 나의 '막'과 '막' 사이를 밝혀주었다.

흙집에서의 이유 있는 게으름

- 흙의 온도

버스는 13시간째 달리고 있었다. 전날 어두워지기 전에 탄 버스였다. 도대체 언제까지 가야 할까, 더 이상 잠도 오지 않았다. 조금 남은 물을 마저 마시며 기지개를 쭉 켰다. 얼마 뒤 버스가 멈춰 섰고, 기사가 도착지를 말해주었다. 하씨라비에드(Hassilabied). 사하라 사막에 들어가기 전후 며칠을 머물기로 한 마을이다. 문자로만 보던 낯선 도시의 이름이 소리로 들려지는 순간은 생소했다.

나는 몇 명의 현지인들에 휩쓸려 하차했다. 날이 밝기 전, 마을은 아주 짙은 어둠 속에 잠겨 있었다. 버스 정류장에 마중 나온 사람들의 얼굴조차 어둠에 묻혀 있었다. 나도 그 어둠에 금방 묻혔다. 어둠 속에서 뭐라도 보일까 눈을 끔뻑하고 있는 사이, 버스 정류장에 마중 나온 사람들 사이에서 내 이름이 들려왔다. 후씬이었다. 사실 그저 내 이름을 부르니 후씬이 맞겠거니, 그도 내가 대답하니 본인의 손님이 맞겠거니 했다. 후씬은 내가 사하라 사막 투어를 예약한 업체의 사장이자 가이드이자 하나밖에 없는 직원이었다.

한 치 앞도 내다보이지 않는 어둠 속에서 나는 그의 목소리를 따라 조심스레 발걸음을 옮겼다. 다행히 숙소는 버스 정류장에서 멀지 않았다. 다 왔다는 그의 말에 짧은 안도의 한숨을 뱉으며 고개를 뒤로 젖혔다. 하늘에는 어마어마하게 많은 별들이 참 가까이에 매달려 있었다. 그토록 가까이에 있는 수많은 별을 난생처음 본 나는 그 광경에 숨이 턱 막혔다. 예고 없이 찾아온 놀라운 장면에 나는 눈이 시렸고 약간의 공포까지 느꼈다. 나는 내뱉던 숨을 도로 꿀꺽 삼켰다.

후씬이 안내해 준 방으로 들어갔다. 딸깍 소리와 함께 전구 하나가 느리게 켜졌다. 희미한 빛이 주변을 밝히자, 마치 긴 꿈에서 깨어난 기분이었다. 네모반듯한 방에는 침대 하나만이 덩그러니 놓여 있었다. 수납공간도, 옷걸이도, 테이블 하나조차도 없었다.

방에서 나가면 다른 여행자들과 함께 쓰는 공간인 거실이 있었다. 거실에는 본래의 기능 대신 수납장으로 쓰이고 있는 냉장고 하나, 플라스틱 테이블 하나, 의자 몇 개 그리고 싸구려 기타가 있었다. 화장실과 샤워실은 외부에 있었다. 거실에서 나가면 있는 작은 마당의 끄트머리까지 가야 했다. 샤워실을 지나 방향을 오른쪽으로 틀어 조금 더 걸어가면 큰 마당과 조금 더 큰 집이 있었는데, 거기에서 후씬의 가족들이 살고 있었다. 나는 후씬 가족의 집에 딸린 별채 같은 곳에서 지내게 된 것이다.

건물의 모든 벽은 흙이었다. 후씬의 가족이 사는 집도, 화장실과 샤워실도 거실과 내 방도 모두 흙이었다. 북아프리카에 주로 거주하는 아마

지흐(Amazigh, 베르베르 족으로 흔히 알려져 있는)인들의 전통적인 주거 양식이었다. 만지면 무너지지는 않을까 걱정스러운 마음 반, 신기한 마음 반으로 벽에 손을 조심스레 갖다 대었다. 벽은 단단하고 차가웠다.

벽 너머로는 뜨거운 아침이 차오르고 있었다. 아침 햇살이 차가운 흙벽으로 하릴없이 부딪혔다.

후씬의 누나가 차려주는 점심을 잔뜩 먹고 배가 잔뜩 불렀던 나는 소화를 시킬 겸 산책을 하려 했다. 그런데 하씨라비에드의 한낮은 정말 뜨거웠다. 나는 사막이 내뿜는 열기에 놀라 후다닥 집 안으로 들어가야 했다. 커다랗게 자리한 사막의 능선이 마을을 삼켜버릴 것만 같았다. 다행히 흙집은 한낮에도 꿋꿋하게 제 온도를 지켜내고 있었다. 잠깐 사이에 달아올라 벌게진 내 얼굴을 흙집이 식혀주었다.

하지만 한낮에 방에 들어가 있으면 달리 할 게 없었다. 흙벽이 모든 통신을 차단했기 때문이다. 와이파이와 데이터는 물론이고 심지어 통화 가능 신호조차도 잡히지 않았다. 후씬 가족들의 집 가까이 가야 그나마 와이파이를 한두 칸 정도 쓸 수 있었다. 문자는 겨우 보내도 사진은 보낼 수 없는 속도였다. 와이파이를 쓰려 작은 마당과 큰 마당 사이를 몇 차례 왔다 갔다 하다 관두었다. 문득 그동안 무언가를 멈추지 않고 해왔다는 게 느껴졌기 때문이다.

그동안 아무것도 하지 않는 여행을 추구해왔지만 사실 늘 무언가를 하고 있었던 것이다. 여행 중에 멋진 풍경을 만나 눈을 떼지 못하는 것이나, 그 장면들을 놓칠까 끊임없이 사진을 찍어대는 것이나, 다음엔 어디를 갈지 결정하는 것이나, 마실 술의 종류를 고민하는 것이나, 거리의 글자들을 읽고 곱씹는 것이나, 수중에 얼마가 남았는지 셈하는 것이나. 하지만 흙으로 둘러싸인 방 안에서 나는 반강제적으로 모든 것을 하지 않게 되었다. 정말이지 할 게 없어서 이긴 했지만, 나는 비로소 아무것도 하지 않을 수 있었다. 바람 한 점 없는 뜨거운 사막 마을에서 완벽한, 이유 있는 게으름이었다.

흙으로 골조를 이룬 침대에 누웠다. 딱딱한 침대 위에서 편한 자세를 찾기가 쉽지는 않았다. 나는 등을 몇 차례 비빈 후 똑바르게 누워 천장을 보았다. 천장은 대나무를 엮어 그사이를 흙으로 메운 형태였다. 고개를 양옆으로 돌려보았다. 흙색이 두 눈 가득 들어왔다. 나도 그 색으로 금방 물들어질 것만 같았다. 어느 깊은 땅속으로 들어온 것 같은 착각도 들었다. 나는 뚫어져라 흙벽을 바라보다 까무룩 잠이 들었다. 딱딱한 흙 침대에서 어떻게 잔담, 걱정한 지 5분도 채 지나지 않아서였다.

긴 낮잠에서 깨어나니 어느덧 뜨거움이 온데간데없이 사라지고 밤이 깔린 후였다. 밤은 밤대로 또 할 게 없었다. 그저 작은 마당에 앉아서 하늘을 올려다보았다. 몇 개쯤 사라져도 모를 만큼 별이 넘치게 많았다. 하루 내 정신없이 쏟아붓던 뜨거운 사막의 열기가 묻어있던 흙벽이 이제는 별들의 뜨거움으로 넘쳐났다. 흙벽은 기꺼이 따뜻해졌다.

별구경을 한참 하다 다시 침대로 가면 누런 이불 위로 흙 알갱이들 몇 개가 떨어져 있었다. 천장에서 떨어진 흙이었다. 흙집이 별들에 공간을 내어주느라 그 사이에 밀려난 흙 알갱이들이겠지 싶었다. 나는 이불 위의 흙 알갱이들을 집어 들어 엄지와 검지 사이에 놓고는 굴려보았다. 흙이 가진 온도가 나에게도 고스란히 전해졌다.

밖에는 뜨거운 밤이 맺혀 있었다. 별빛이 차가운 흙벽으로 속절없이 스며들었다.

모래 능선을 따라

- 너무 당연하지만, 사하라에서는 그렇지 않은 것

"사하라에서는 두 가지의 텐트 타입을 고를 수 있어. 첫째, 베르베르 전통 음악과 춤이 있고 캠프파이어를 즐길 수 있는 텐트. 두 번째는 아주 조용한 텐트."

나는 조용한 텐트에서는 무엇을 하냐고 물었다. 그는 어깨를 으쓱했고, 나는 생각할 것도 없이 조용한 텐트를 택했다.

사막에 들어가는 날까지도 후씬의 집에 손님은 나 하나였다. 비수기인 탓이라고는 했지만, 사하라에 들어가는 중에 만난 다른 가이드가 그룹 여행자를 끌고 가는 걸로 보아 후씬이 영업에 영 소질이 없는 것 같았다. 우리는 후씬의 누나가 챙겨준 저녁거리를 가지고 사하라 안으로, 안으로 들어갔다. 한창 뜨거울 시간이 지났을 때였다. 나는 밥 말리라는 이름을 가진 낙타와 함께했다. 후씬은 슬리퍼를 벗고 맨발로 걸었다.

"후씬, 사막에서는 방향을 어떻게 찾아? 해나 달의 위치 뭐 그런 걸로 찾는 거야? 나는 도대체 거기가 거기 같은데 말이야. 바람이 세게 불거나 하면 사구의 모양이 바뀌고 그런 거야?"

밥 말리를 천천히, 하지만 꾸준히 리드하던 후씬이 대답했다.

"전혀, 사구의 모양은 변하지 않아. 굉장히 정직한 자연이야. 아무리 바람이 거세게 불어도 사막 본래의 모양이 바뀌지는 않아. 언덕의 위치가 시시때때로 바뀐다면, 다들 텐트를 이고 다녀야 할걸?"

우리는 수십 번 모래 능선을 타고 올라가고 내려가기를 반복했다. 계속해서 이어지는 능선 사이로 언제쯤 텐트가 보일까 연신 고개를 돌리기를 수십 번. 도저히 아무것도 나올 것 같지 않을 것 같을 때, 움푹 파인 지형에 도착했다. 그 가운데에 내가 하룻밤을 보낼 사하라의 텐트가 있었다. 죽 늘어선 모래 언덕들이 텐트를 지켜주는 것 같았다.

시간의 흔적이 고스란히 쌓인 텐트였다. 텐트 안은 내가 생각했던 것보다 넓었다. 요리를 하는 곳, 먹는 곳, 자는 곳이 나름대로 구분되어 있었다. 튼튼해 보이진 않지만 따뜻해 보이는 침대도 있었다. 밖에서 볼일을 봐야 할 줄 알았는데 텐트 내부에 간이 화장실도 마련되어 있었다.

후씬은 서둘러 저녁 준비를 했다. 후씬의 누나가 준비해 준 메뉴는 야채 타진이었다. 타진(Tajine)은 쿠스쿠스와 함께 모로코의 대표 요리 중 하나이다. 납작한 그릇에 고기나 야채 등 원하는 재료를 넣고 원뿔 모양의 뚜껑을 닫아 조리한다. 타진이 요리되는 것을 보며, 무슨 음식이든 타진 냄비에 넣고 요리하면 다 맛있을 것 같다고 생각했다. 게다가 사하라의 한가운데에서 먹는 타진이라니. 어떤 재료가 들어간다고 한들 맛이 없을 수가 없었다. 나는 빵을 이용하여 남은 소스까지 싹 찍어 먹었다. 그릇이 아주 깨끗해졌다.

저녁 식사로 배를 채운 후에는 모래언덕 위를 올라갔다. 가까운 사구의 꼭대기를 목적지로 정하고 걸었다. 샌들과 발 사이에 모래가 무수히 들어왔다가 빠져나가기를 반복했다. 그런데 발을 내딛을수록 목적지와 멀어졌다. 나는 거의 기어가다시피 올라가고 있었다. 그런데도 자꾸만 뒤로 밀려나는 것 같았다. 닿고자 하는 곳은 손에 잡힐 듯 선명했지만, 시간이 지나도 가까워지지 않았다. 나는 후씬에게 도움을 청했다.

"사하라에서는 평상시에 익숙한 잣대를 들이대면 안 돼. 많은 이들이 사하라에서 방향을 못 찾아서 힘들어하는 것보다 더 애를 먹는 건 이렇게 언덕을 오를 때야. 대부분 언덕의 정상만 보고 올라가거든. 너무 당연한 이야기겠지만, 사하라에서는 그렇지 않아. 그렇게 무작정 올라가다간 결코 정상에 쉽게 오를 수 없어. 우리가 할 일은 그 능선을 찾는 거야. 그게 가장 먼저 할 일이야."

후씬의 말을 들으며 나는 그가 하는 대로 발걸음을 하나씩 옮겼다. 능선을 따라 걷는 중이라고는 하지만 제대로 가고 있는 것인지 확인할 길이 없었다. 뒤를 돌아보았다. 텐트가 조금은 멀어진 걸 보니 어찌 됐든 올라가는 중인 건 틀림없었다. 헉헉거리며 쫓아가는 나에게 후씬이 말했다.

"지금 우리가 가는 길이 멀게만 느껴지고 도착하지 않을 것 같아도, 결국은 이게 가장 빠르고 올바른 방법이야."

높은 언덕에 올라가 보니 건너편 저 멀리 또 다른 텐트들이 눈에 들어왔다. 여러 개의 텐트가 함께 모여있었다. 전구도 많이 달려있었다. 멀리서 보아도 온갖 것으로 나름 화려하게 꾸며놓은 텐트였다. 캠프파이어를 하는 중인지 모닥불도 보였고, 몇 명은 흥에 겨워 춤을 추고 있었다.

나는 어느 능선의 끝자락에 앉았다. 손도 대지 못할 만큼 뜨거웠던 사막은 어느덧 차갑게 식어 있었다. 하늘은 까맸고, 사막은 하늘과 경계를 이루지 않았다. 사막의 밤은 추웠다. 기어오를 때는 잘 느껴지지 않았던 추위가 서서히 몰려왔다.

나는 모래를 파내어 구덩이를 작게 만들었다. 그리고 거기에 두 발을 넣고 다시 모래를 덮었다. 발목까지 뒤덮은 모래의 감촉이 기분 좋게 간지러웠다. 온기를 잃었던 두 발이 금방 따뜻해졌다. 그렇게 두 발을 파묻은 채 드러누웠다. 사막 가까이에 귀가 닿았다.

사하라에서는 모든 소리가 사라지지 않고 남아있었다. 모래에서 모래로, 혹은 바람에 실려 온 채로, 뜨거운 낮 동안 숨겨온 소리가 한 가닥씩 피어올랐다. 지글지글 뜨거운 태양이 모래를 데우던 소리가, 저기 흥겨운 텐트에서 연주되는 베르베르 전통 악기의 멜로디가, 밥 말리의 발바닥이 콩콩 사막에 닿을 때 만들어지던 박자가, 조금 먼 곳에서 흘러 들어와 길을 잃은 이야기가 모래 능선을 따라 곱게도 퍼져 있었다.

그렇게 사막의 소리를 듣다 보니, 모래로 덮었던 발이 다시 차가워졌다. 나는 다시 다른 구덩이를 파서 발을 파묻었다. 뒤를 돌아보니 내가 잘 곳이 눈에 들어왔다. 추위를 이길 수 없을 때까지 사막을 즐기다 이 능선을 타고 내려가면 두 다리 뻗고 잘 곳이 있다는 것. 생각만으로도 포근한 이불을 덮은 것 같았다. 나는 졸음이 밀려올 때까지 여러 번 모래 구덩이를 팠다.

다음 날 새벽, 일출을 보려고 핸드폰 알람도 맞춰놓고 후씬에게 꼭 깨워 달라 신신당부했지만, 결국 일출을 놓쳤다. 너무 깊이 곯아떨어진 탓이었다. 나는 부랴부랴 텐트 밖으로 나갔다. 해가 막 지평선을 떠난 후였다.

나는 전날 밤에 앉아있던 모래 언덕으로 올라갔다. 내가 하룻밤을 보낸 텐트를 향해 몸을 돌려 자리를 잡고 앉았다. 막 새긴 나의 발자국이 텐트까지 이어져 있었다. 옅지만 촘촘했다. 그 흔적 위로 막 뜨거워지기 시작한 아침이 가득 깔렸다. 모래 언덕의 모든 능선이 빛났다. 다시 오지 않을 사하라의 아침이었다.

날개뼈와 맞바꾼 감동, 세렝게티

- 끝도 없이 펼쳐진 지평선

가본 곳보다 안 가본 곳이 훨씬 많고, 보아온 풍경보다 앞으로 볼 풍경이 훨씬 많다고 생각한다. 그래도 지금까지 내가 본 가장 아름다운 곳을 뽑으라면 나는 주저 없이 탄자니아의 세렝게티, 그 끝도 없이 펼쳐진 지평선을 꼽는다.

세렝게티는 무지 크다. 면적만 해도 1,500,000ha. 그 크기를 감히 가늠하기도 힘들 만큼 크다. 세렝게티를 여행하는 몇 가지 투어들이 있는데, 내가 선택한 것은 3박 4일짜리, 텐트 숙박이었다. 테렝기레, 세렝게티 그리고 응고롱고로에서 하루씩 자는 일정이었다. 나는 당시 같은 년도에 파견된 다른 엔지오 단체의 봉사 단원 친구들과 함께 휴가를 맞춰 출발했다. 우리는 총 4명이었고 가이드 한 명, 운전해주는 친구 한 명까지 합쳐 총 6명이 함께 이동했다.

세렝게티를 찾은 여행자들은 여행사에서 마련한 지프차를 타고 이동하는데, 오프로드를 아주 잘도 달린다. 세렝게티는 지평선이 끝도 없이 이어져 있다. 세 면이 바다인 한국에서 나고 자라, 지평선보다는 수평선에 익숙하기에 그렇게 넓게 펼쳐진 땅을 보고 있으니 과장 조금 보태어

새로운 행성에라도 와있는 듯한 기분이 들었다.

동물들도 참 많이 봤다. 동물원 우리 안에서 보는 동물이 아닌, 자연 속에서 뛰거나 사냥감을 쫓거나 늘어지게 자는 모습을 보고 있으니 경외감마저 들었다. 모든 것은 참으로 자연스러웠고, 순수 그 자체였다. 그 어떠한 의도적인 것을 배제한 자연은, 너무나 훌륭했고 위대했다.

세렝게티에 도착한 투어 두 번째 날은 정말이지 차가 이동하는 내내 지프차에 매달려 있다시피 했다. 차의 지붕은 오픈되어, 한 층 높게 고정해 둔 채였다. 뜨거운 해로부터 그늘을 만들어 낼 수도 있고, 차 안에서 일어나도 차량 지붕에 머리가 닿지 않는 충분한 높이였다. 양 옆의 창문도 싹 다 열고 달렸다. 세렝게티의 바람은 맛도 좋아 연거푸 들이마셨다.

모든 장면을 담고 싶었다. 카메라에도 담고, 두 눈에도 담고, 마음속에도 꾹꾹 눌러 담고. 그래서 나는 달리는 차량에 매달려 사진을 참 열심히도 찍어 댔다. 당시 가지고 있던 카메라가 커다랗고 비싼 카메라는 아니었지만 달의 표면까지 찍을 수 있을 정도로 줌이 가능한 카메라였다. 나는 그 카메라를 가지고 열심히도 줌을 당기고 빼며 사진을 찍었다. 사진으로 차마 담을 수 없는 것들은 시선을 떼지 못하고 한참이나 바라보았다.

볼거리가 많을 때, 그러니까 동물 무리가 우르르 이동을 한다거나, 사냥이 이루어지는 중이라거나, 잠을 자고 있는 표범을 가까이에서 본다거나 할 때에는 차량이 멈춰 섰다. 하지만, 대부분은 열심히 달렸다. 그 넓고 넓은 곳에서 주어진 시간 안에 최대한 많은 것을 보여주려는 가이드와 운전사의 배려였다.

나는 차 안에서 감히 앉아 있지 못했다. 그저 앉아서 스치는 풍경으로 두기에는 너무나 소중한 순간들이 눈에 보이듯 흐르고 있었기 때문이다. 나는 달리는 차량에서 일어나, 잡히는 어딘가에 팔을 두르거나 손으로 꼭 붙잡고 계속해서 그 풍경을 바라보았다. 사진을 찍기도 참 많이 찍었다. 카메라는 작았지만, 열정만은 커다랬다.

그리고 어느덧 해가 질 시간. 그 넓디넓은 지평선에 해가 지는 순간은 그야말로, 감동이었다. 사실 해가 질 때가 되니 구름이 잔뜩 몰려왔다. 안 그래도 가까운 탄자니아의 하늘이, 몰려든 구름의 무게에 땅과 더욱 가까워졌다. 보이는 것은 온통 하늘과 땅, 그리고 나무 몇 그루뿐 이었다. 우리는 어두워지기 전에 텐트에 도착하기 위해 그 하늘과 땅뿐인 곳을 참 열심히 달렸다.

차가 향하는 뒤쪽을 바라보니 어느덧 하늘과 땅 사이가 붉게 변해 있었다. 그 틈은 넓지 않았다. 비는 오지 않았지만 약간의 축축한 회색을 머금은 구름 무리, 사이도 좋게 서로의 결을 맞대고 있는 구름들. 그리고 바로 그 아래로 펼쳐진 주홍 빛. 회색빛 구름과 어두운 연두 빛의 초원 사이로 새어 나오는 일몰의 주홍 그림자. 무엇으로도 꾸미지 않은, 그 자체로 충분한 색들이 만들어내는 환상적인 질감이었다.

바람이 불어 초원이 살살 흔들렸고, 구름도 그에 박자를 맞추어 흘러갔다. 너무 아름다워 시종일관 가슴이 뛰었다. 달리는 차량의 방향과 반대의 일몰을 보느라 고개를 완전히 꺾을 수밖에 없었는데, 그때는 목이 아픈지도 몰랐다.

텐트에 도착하여 짐을 풀고 나니 세렝게티엔 어둠이 내렸다. 캠핑 사이트의 불빛 말고는 아무런 빛도 없어 주변을 살필 수는 없었지만, 여전히 무한한 듯 펼쳐진 지평선이 느껴졌다. 캠핑사이트에 온수기가 고장이 났는지 따뜻한 물이 나오지 않아 고통스럽게 찬물로 샤워를 해야 했다. 그런데, 샤워를 하다 문득 날개뼈에 이상한 느낌이 들었다. 왜 이러지? 싶었는데, 답은 생각보다 빨리 찾을 수 있었다. 하루 내내 달리는 차에 매달려 고개가 꺾이고 날개뼈가 뒤틀리고 했던 것이 그제야 통증이 느껴진 것이다. 목보다도 날개뼈의 담이 심각했다. 이럴 땐 뜨거운 물로 놀란 근육을 좀 풀어줘야 하는 거 아닌가 하며 울상을 지었지만 그런다고 없는 따뜻한 물이 나오는 것도 아니었다.

샤워를 하고 나와 고통스러워하는 나에게, 나와 텐트를 함께 쓰는 친구가 호랑이 연고가 있다며 그것을 발라주었다. 그래도 담의 고통은 점점 심각해졌다. 저녁을 먹을 때에도 포크질을 제대로 하기가 힘들 지경이었다. 텐트에 바로 눕기조차 힘들었다. 나는 어쩔 수 없이 어설픈 자세로 누웠다. 옆의 친구가 걱정스러운 마음에 마사지를 해주겠다며 날개뼈 부근의 근육을 건드렸는데, 평소 마사지는 아프게 받는 거라 생각하는 나에게도 너무 아팠다. 그저 건드리는 것조차도 참을 수 없었다. 목과 등 스트레칭을 좀 억지로 하다가 그저 최대한 덜 불편한 자세를 잡아 누웠다.

나는 어정쩡한 자세로 누워 그날 찍은 사진을 쭉 살펴보았다. 가슴이 다시 뛰었다. 그리고 내가 아직도 세렝게티의 그 땅에 수많은 동물들과 같은 공기를 마시며, 같은 하늘 아래 잠을 자려고 누워있다는 사실에 큰 벅차오름이 느껴졌다. 시냇가에서 물을 마시며 장난치는 아기 사자들, 사랑을 나누고 뒤도 안 돌아보고 떠나는 커다란 수컷 타조, 누가 누군지 서로 알까 싶게 한 연못에 모여 첨벙거리던 하마 무리들, 가까이 다가가도 겁을 먹지 않는 친근한 치타, 홀로 남은 얼룩말을 노리던 품바, 생각했던 것보다 귀여운 하이에나, 어미를 열심히 쫓아가던 아기 코끼리. 그리고 우리가 시원하게 달리던 길, 초원의 그 길, 지평선과 하늘, 손 뻗으면 닿을 듯 가까운 구름들. 어느덧 아픈 것도 잊고 나는 다시 세렝게티를 달리고 있었다.

텐트에서 보내는 밤은 무지 추웠고, 자다 깨서는 저 멀리서 혹은 가까

이에서 들려오는 어느 동물의 울음소리에 놀라기도 했다. 코끼리가 화가 나서 내가 자고 있는 텐트를 밟고 지나가지는 않을까 살짝 걱정도 했지만, 여전히 그렇게 흘러가는 시간이 아쉽기만 했다.

날개뼈 근육통은 다음날에 더 심했다. 담이 정말 제대로 걸렸다. 하지만 아프면서도 계속해서 사진 찍기를 멈출 수 없었다. 오프로드를 달리며 차가 꿀렁거릴 때마다 덩달아 으악 하며 고통에 몸서리칠 지경이었다. 그럼에도 바로 내가 있는 곳을 바라보고 있노라면, 고통스러운 마음은 그새 흔적도 없이 사라졌다.

그때 세렝게티에서 얻은 날개뼈의 고통스러운 근육통은 투어가 끝나고도 며칠 더 지속되었다. 하지만, 그때의 감동은 며칠이 아니라, 몇 달이고 계속해서 곱씹을 수 있었다.

작은 일상이 머물던 알리네 게스트하우스

- 그곳에서는 모든 순간이 중요했고, 또 모든 순간에 힘을 뺐다.

그냥 어디라도 가면, 일단 그렇게 출발하면 괜찮아질 것 같은 마음이 있었다. 붕 하늘로 솟을 순 없으니 기왕이면 섬이면 좋겠고, 어딘가로 숨어 들어가고 싶은데 완벽하게 숨을 순 없다면 작은 곳일수록 좋겠다고 생각했다.

일 년 반 전, 탄자니아를 떠나기 전 가장 많은 시간을 보냈던 잔지바 (Zanzibar)를 떠올렸다. 멀리 있지만 늘 꺼내어 들춰보는 핸드폰 배경화면 같은 곳.

일 년 반 만에 탄자니아로 향했다. 그때처럼 다레살람에서 페리를 타고 약 2시간을 이동했고, 스톤타운(Stone town)에 도착하여 알리를 만났다. 잔지바의 해는 정수리를 파고들었고, 알리의 차는 여전히 에어컨이 고장 난 채였다.

스톤타운을 벗어나 동쪽으로 곧게 뻗은 도로를 시원하고도 뜨겁게 달렸다. 오랜만에 보는 탄자니아의 하늘에, 그 색감에, 한껏 높인 채도에 넋을 잃었다. 얼굴은 타들어갈 것 같았지만 하늘을 향해 시선을 올리는 것을 포기할 수 없었다. 막연한 푸르름에 계산 없이 스며든 구름 덩어리들이 예쁘게 종알대고 있었다. 간간히 커다란 나무들이 그런 하늘을 받쳐

주었고, 그레고리 아이작스 노래는 참 알맞게 하늘 속으로 울려 퍼졌다.

알리네 게스트하우스에 도착하자, 이미 이야기를 들었는지 직원 몇 명이 이미 문 밖에 나와있었다. 차에서 내리기도 전에 우리는 서로 반가움에 소리를 질렀다. 우리는 서로의 이름을 부르며 얼싸안고 빙빙 몇 바퀴를 돌았다. 게스트하우스는 여전했다. 비와 햇빛, 바람을 많이도 맞아온 커다란 마당에 있는 의자의 쿠션들이 어느덧 낡아 몇 개는 새로운 천으로 교체되어 유독 색이 튀었다. 마당의 한편을 지키는 강아지도, 내가 좋아하는 자리의 해먹도 그대로였다.

크고 작은 방갈로들이 위아래로 두 방씩 맞붙어 마당에 듬성듬성 세워져 있는 알리네 게스트하우스. 해변부터 이어진 마당의 모래들이 발바닥에 밟히는 기분이 좋았다. 세 번째 방문에도 나는 9번 방을 배정받았다. 8번 방의 위에 위치한 방이었다.

방으로 들어서니, 방 안의 것들은 내 기억보다 조금 더 낡아 있었다. 덩그러니 놓인 침대, 삐그덕 거리는 바닥, 커다란 세면대 위로 질서 정연한 개미들은 여전했다. 창문을 열면 키가 큰 나무들의 초록 잎사귀들이 가까이 있었는데, 그 푸르름은 더욱 진해져 있었다. 문 앞에 균형이 맞지 않는 의자에 앉아 뒷마당을 내려다보고 있으니 처음 이 곳을 왔을 때가 떠올랐다.

그때 나는 탄자니아에 살고 있었다. 봉사 단원으로의 활동도 어느 정도 마무리가 되어, 한국으로 돌아갈 날이 한 달도 채 남지 않았을 때였다. 나는 잔지바의 지도를 몇 분간 째려보았다. 이름이 최대한 낯설수록 좋을 것 같았고, 많은 것이 모여있지 않을수록 괜찮을 것 같았다. 동쪽 해안에서 한국 포항의 호미곶처럼 꼬리가 삐져나와있는 곳으로 눈이 갔다. 바로 미참비 카에(Michamvi kae). 서쪽으로 바다를 향하고 있어, 동쪽에 위치한 해변임에도 해 지는 모습을 볼 수 있을 거라는 생각에 미치자, 그곳을 가지 않을 이유를 찾을 수 없었다. 배낭 여행자의 지갑 사정에 걸맞은 가격대의 게스트하우스 두 개 중 6일을 연속으로 머물 수 있던 곳이 알리네 게스트하우스였다.

알리네에서 6일을 머물고 다시 다레살람(Dar es salaam)으로 돌아간 뒤, 탄자니아에서 남은 시간이 2주밖에 남지 않았다. 그곳에서의 생활을 어느 정도 정리한 후, 남은 시간을 보낼 곳으로 잔지바의 알리네 게스트하우스보다 나은 곳을 생각하지 못했다. 5일 만에 다시 돌아간 그곳에서 숙소의 직원들은 오랜 친구를 다시 보는 것처럼 기뻐해 주었고, 그곳을 자주 드나들던 로컬들조차 아는 척을 해주었다. 발전기가 있어 에어컨을 빵빵 틀며 편히 머무를 수 있는 수영장이 딸린 숙소가 바로 건너편에 있었지만, 여전히 알리네 게스트하우스를 고집한 이유도 역시나 사람 때문이었다.

알리네 게스트하우스에서 나는 그곳의 일상에 머물렀다. 느지막이 일어나서 마당에 나가면 게스트하우스에서 준비해주는 조식이 기다리고 있었다. 빵과 과일을 가져다 마당의 맘에 드는 자리에서 먹고 있으면 직원들이 커피와 주스를 가져다주었다. 아침햇살을 잔뜩 맞으며 꾸벅 조는 강아지를 바라보며, 가장 편한 자세로 아침을 먹곤 했다.

어떤 날은 아침 산책을 나가서, 살이 타들어갈 것 같을 때까지 해변을 걸었다. 어떤 날은 알리를 따라 파제(Paje)나 스톤타운으로 나서기도 했다. 그가 게스트하우스와 레스토랑을 운영하는데 필요한 것들을 구입하러 가기 위함이었다. 또 어떤 날은 동네의 값비싼 호텔에 딸린 바에 앉아있었다. 바다를 향해 시선을 고정시킨 채 커피나 맥주를 시켜 오랫동안 앉아있곤 했다.

알리네 게스트하우스에서 지내면서 내가 가장 좋아하던 시간은 노란 해먹 위에 누워있을 때였다. 내 방갈로 뒤편 커다란 나무 두 그루 사이에 단단하게 고정되어 있는 노란색 해먹, 그 위에 껑충 뛰어올라 온 몸의 긴장을 풀고 누워있는 것이다. 별달리 할 일이 있지 않고, 바쁘게 시선을 옮길 만큼 화려한 장면이 펼쳐진 것도 아니다. 초록에 둘러싸인 채, 나무들로부터 뿜어져 나오는 기운을 잔뜩 마시곤 했다. 책을 읽기도 하고, 구름의 흐름에 넋을 잃기도 하고, 그러다 깜빡 잠이 들었다 깨어나면 나무이파리들의 흔들거림에 안도하곤 했다.

해가 지는 시간에 맞추어 5분 정도 털래털래 해변을 향해 걸어갔다. 잔잔한 바다로 조심스레 들어간 나는 얕은 바다에 누워 둥둥 떠다녔다. 그곳에서는 모든 순간이 중요했고, 또 모든 순간에 힘을 뺐다. 해 질 녘 그 아름다운 주홍빛에 둘러싸이는 순간은 많은 것이 되살아나기도 했고, 모든 것이 소리를 잃기도 했다. 귓속으로 바닷물이 간지럽게 흘러 들어왔고, 나는 바다의 수면 위에서 조용히 물들어갔다. 모든 기억을 얼싸안고 무슨 일이든 해낼 수 있을 것 같은 기분이 들어, 당장 무슨 일이 일어나도 모두 괜찮을 것 같은 기분이었다. 그러다가 바다와 내가 함께 조금씩 어

둠에 잠기기 시작하면, 또 하루가 가버린 것에 아쉬움이 자라나곤 했다.

　그리곤 다시 털래털래 방갈로로 돌아가는 길. 알리네 방갈로에서 하루의 마침표를 찍으러 자근자근 모래를 밟으며 돌아가는 길. 그것은 영락없이 집으로 돌아가는 길이었다. 반겨주는 이가 있고, 주린 배를 채울 수 있는, 걱정을 잠시 내려놓고 안길 수 있는. 어느덧 가장 낯선 이름이 가장 가깝고 그리운 곳이 되어 있었다.

　그렇게 도착한 알리네 마당은 내 몸에 묻은 바다의 물기를 말려주었다. 가장 편안한 옷차림을 하고, 주고받는 웃음의 씨앗을 마당에 함께 심었다. 다음번 알리네 게스트하우스를 찾았을 때에는 훌쩍 커버린 나무가 되어 크게 반겨줄 것이다. 채도를 잃은 하늘에 희미하게 남은 보랏빛이 씨앗을 포근히 덮어주었다.

혼자가 아닌 시기리야의 오두막

- 다른 도시들은 모두 사라지고 까맣게 잊혔다.

사진 속 시기리야 락은 홀로 우두커니 있었다. 시기리야의 푸른 평지 위에 불쑥 솟아 덩그러니 놓인, 약 200m의 바위. 멀리서도 한눈에 존재를 확인할 수 있을 만큼 몸집이 큰 그 바위는 여행자들에게 언제나 '목적지'다.

바위 위로 올라가는 계단마다 여행객들이 꾸준히 들어차고, 계단을 다 오른 이들은 한동안 바위 위에 머무른다. 1,202개의 계단을 오른 후 쏟아진 땀을 식히기도 하고, 매일 바위가 바라보는 풍경을 함께 담기도 한다. 그리곤 그들은 다시 미련 없이 바위를 떠난다. 계속해서 밀려오는 여행객으로 인해 바위는 외로워질 틈도 없겠지만, 매일같이 일회적인 만남을 거듭하는 바위가 어쩐지 쓸쓸해 보였다.

나는 그런 시기리야 바위를 며칠쯤 곁에 두고 아껴 보고 싶었다. 시기리야의 고요함 위로 바위의 웅장함이 고스란히 전해지는 그 풍경을 담고 싶었다. 나는 기어코 시기리야 바위가 창문 너머로 보이는 숙소를 찾아내었다. 숙소 예약 사이트에 올라온 사진을 보고는 잔뜩 기대에 차있었다.

나는 하루라도 빨리 시기리야 바위를 보고 싶은 마음에, 콜롬보에 도착하자마자 시기리야로 향했다. 오두막은 시기리야 타운에서 제법 떨어진 곳에 있었다. 키가 크고 울창한 시기리야의 나무들 사이를 시원하게 달렸다. 나무들은 누가 더 푸른지 경쟁이라도 하는 것 같았다.

열심히 달려 도착한 그곳엔 단 두 채의 방갈로만이 뚱하니 서 있었다. 완벽하게 초록에 잠긴 그곳은 마치 주소조차 없는 곳 같았다. 사방이 푸르러 어디에 시선을 던져도 편안했다.

달랑 두 개의 객실만 있었다. 각 방은 서로 다른 방갈로의 2층 위치의 높이에 지어져 있었다. 1층 높이의 공간은 뻥 뚫려 있어, 주차장으로 쓰이고 있었다. 한층 높이 있어 주변을 눈에 더욱 잘 담을 수 있으니, 아슬아슬한 계단을 오르내리는 것쯤은 전혀 문제가 되지 않았다.

나는 입구에서 조금 더 가까운 방을 배정받았다. 그리고 마치 이사를 하기 전, 가장 기대했던 집에 들어가보듯이 설레는 마음으로 방문을 열었다. 나는 방에 들어가자마자 나는 입을 떡 벌릴 수 밖에 없었다. 방안을 둘러볼 새도 없이 창밖으로 시선이 향했는데, 저 멀리 보고 싶던 바위가 있었기 때문이다. 마음 깊숙한 곳에서 또아리를 틀고있던 탄성이 터져나왔다. 농경지와 나무들, 그리고 그 너머로 보이는 굳건히 자리를 지키고 있는 시기리야 바위. 그 풍경이 창 가득 채워져 있었다.

바위를 보기 가장 좋은 곳은 아무래도 테라스였다. 테라스에는 의자와 작은 테이블이 있었다. 잠을 잘 때와 어두울 때를 제외하곤 그 테라스에 앉아서 시간을 많이 보냈다. 바람이 살랑 불어올 때마다 나뭇잎들이 흔들거리는 소리가 들려왔다. 나까지 덩달아 기분이 좋아졌다.

　나는 그 테라스에서 몇 번의 아침을 맞이했다. 그곳에 앉아있으면 공작이 산책하는 것도 보고 큰 뱀 두 마리가 싸우는 것도 볼 수 있었다. 온갖 새들이 날아다니고 지저귀는 소리를 듣기 바쁜 아침이었다. 진하게 탄 커피 한 잔은 마실 때마다 계속해서 다른 맛이 났다.

　커피를 다 마시고 나면 맥주도 마셨다. 스리랑카에 도착하고 나서야 알게 된 사실이지만, 스리랑카에서 술 판매는 굉장히 제한적이고 엄격했다. 나는 (정말 다행히도) 숙소 주인을 통해서 맥주 몇 캔을 미리 사다놓을 수 있었다. 그렇게 쟁여놓은 캔맥주를 한 캔씩 야금야금 테라스에서 마셨다. 그러면 기온은 점점 올라 테라스를 덥혔다. 여행자가 지닌 긴장은 조용히 희미해졌고, 새로운 여행지가 주는 설렘이 천천히 차올랐다.

시기리야를 떠나기 하루 전날, 나는 오토바이 택시를 타고 시기리야에서 100km 거리의 해변을 다녀왔다. 녹아내릴 정도로 무척이나 뜨거운 날이었다. 하지만 시원하게 바람을 가르며 달리기 완벽한 날이기도 했다. 해변을 향하는 길에 나는 그 시원함을 잔뜩 누렸다.

하지만 다시 시기리야로 돌아가는 길은 그렇지 못했다. 뜨거운 햇빛이 찬란하게 비추던 그 길은 어느덧 먹구름으로 잔뜩 뒤덮여 있었다. 먹구름은 마치 골려주려는 듯이 내가 탄 오토바이를 바싹 쫓아왔다. 잡힐 듯, 말 듯 아슬아슬한 추격전이 이어진 후에 결국 나는 빗속을 달리는 꼴이 되었다. 홀딱 젖었다. 얼굴로 들이치는 거센 비바람에 숨쉬기가 고통스러웠고, 손발은 멈추지 않고 계속 떨렸다. 그날따라 나의 오두막은 더욱 멀고 깊숙했다. 속옷까지 다 젖고도 한참 지나서야 숙소에 도착할 수 있었다.

하지만 언제나 안 좋은 건 한꺼번에 온다고, 그날따라 따뜻한 물이 나오지 않았다. 완벽히 데워지지 않은 물이 졸졸 흘러나왔다. 나는 이를 꽉물고 샤워를 했다. 샤워 하는 내내 온 몸이 떨렸고, 눈물인지 빗물인지 모를 물이 눈가에서 흘러나왔다.

샤워를 마친 후 나는 곧바로 침대로 기어들어 갔다. 오두막까지 쫓아온 비는 잔뜩 심술이 났는지 계속해서 많은 양의 거친 비를 쏟아냈다. 나는 나의 오두막 안에 꼼짝없이 갇히고 말았다. 마지막 날 테라스에서 먹으려고 아껴두었던 나의 마지막 맥주캔도 함께 빗속에 갇혔다. 마지막 날 저녁을 그렇게 보내기엔 너무 아쉬웠지만, 여전히 추위에 벌벌 떨고 있었기에 차마 맥주를 마실 생각조차 할 수 없었다. 할 수 있는 거라곤 계속해서 뜨거운 차를 끓여 마시는 것뿐이었다.

어느덧 테라스 바닥까지 빗물에 잠겨버렸다. 그걸론 부족한 지 성난 빗줄기가 계속해서 창문을 두드렸다. 나무로 지어진 오두막 벽의 빈틈마다 쉴 새 없이 찬 바람이 들어왔다. 찬 바람이 새어 들어오는 소리에 신경이 곤두섰다. 방안의 모든 것들은 온기를 잃었다. 차를 마시려 이불 밖으로 팔을 꺼내어 뻗는 것조차 쉽지 않았다. 그 맘을 아는지 모르는지 차는 빠르게 식어갔다. 천장과 지붕 사이 공간에서는 비를 피한 작은 동물들의 움직임이 분주하게 들려왔다.

문득 시기리야 바위가 궁금해 허리를 일으켜 보았지만, 빗속에 가려진 바위를 찾는 것도 쉽지 않았다. 오늘 같은 날에는 바위에 오르는 이들도 없을 텐데- 라는 생각에 안쓰러운 마음이 들었다. 하지만 비를 피하려 숨어든 작은 동물들을 안아주는 오두막처럼, 시기리야 바위도 그의 품에 안긴 작은 생명체들과 함께 이 시간을 무사히 버티고 있으리라 생각하니 조금은 안심이 되었다.

나는 저 멀리 희끗희끗하게 보이는, 거센 비바람을 온몸으로 맞아내고 있는 바위에 말했다. 우리 함께 무사히 버티자고.

그리고 다시 멀게만 느껴졌던 아침, 거짓말처럼 날이 개었다. 반짝거리는 하늘을 고스란히 담은 창밖은 눈이 부셨다. 빗물에 잠겼던 테라스도 강한 아침 햇살에 다시 생기를 되찾고 있었다. 밤새 비를 피해 오두막에 숨어들었던 작은 생명들이 크게 기지개를 켜고 나왔다. 나도 그들을 따라 기지개를 쭉 펴며 테라스로 나갔다.

시기리야에서 맞이한 가장 아름다운 아침이었다. 함께 거친 비바람을 견뎌낸 바위와 눈을 맞췄다. 바위도 나도 무사했다. 나는 가만히 숙소 주변을 어슬렁거리는 작은 동물과 곤충들의 소리를 들었다.

순간 다른 도시들은 모두 사라지고 까맣게 잊혔다. 오직 그곳만이 존재했다. 다시 길을 나서면 지난 꿈이 될까 두려웠다. 너무 아름다워 불안한 그림이었다. 나는 그렇게 한참을 시기리야의 깊은 곳에 파묻혀 있었다.

시기리야를 떠나는 길, 깊었던 초록이 점차 엷어졌다. 뒤를 돌아보면 볼 수 있을까 하는 마음으로 나는 몇 번이고 고개를 돌렸다. 전날 마시지 못하고 챙겨 온 캔맥주가 나의 가방 안에서 불룩하게 혹을 만들어냈다. 튀어나온 그 부분을 나는 계속해서 매만졌다. 시기리야 바위를 어루만지듯 그렇게 매만지며 시기리야를 떠났다.

단순함의 미학, 별일 없는 즐거움

- 못 하이 바이 요 옷!

무이네(Mũi Né)는 가운데에 2차선 도로를 두고는, 해변 쪽과 도로 쪽으로 나뉘어 있었다. 단순했다. 그 복잡하지 않은 모양새가 마음에 들었다. 숙소들도 그에 따라 단순하게 나뉘었다. 바닷가 숙소들은 비쌌고, 도로 쪽 숙소들은 저렴했다.

나는 바다 전망을 가득 담은 채 근사하게 머물고 싶었다. 수영은 못해도 전용 수영장이 있는 곳에서 며칠을 보내고 싶었다. 창문으로 일몰의 순간을 담으며 칵테일을 마시는 거다. 이제 돈도 버니까 괜찮지 않을까 싶었다. 하지만 여러 차례 금액을 확인하다 보니 자연스레 도로 쪽 숙소들로 눈이 향할 수밖에 없었다. 그러다 눈에 띄는 하나의 숙소가 있었다. 숙소 주인을 칭찬하는 리뷰들이 가득한 데다가, 가격까지 저렴했다. 어찌 보면 꽤 단순한 그 이유로 나는 무이네 숙소를 골랐다.

무이네에 도착해서 도로변을 걷다 보니, 조용히 내게 손을 흔드는 숙소 간판이 보였다. 호찌민에서 무이네로 향하는 버스 안에서도 계속해서 되뇌던 이름이었다. 읽을 수 없는 다른 간판들 사이에서 '여기야!'라고 나를 부르는 것 같았다. 숙소 이름이 걸린 작은 입구에서부터 좁은 길을 따라 들어갔다. 열다섯 걸음쯤 걸었을까, 밖에서는 볼 수 없던 공간이 나타났다. 바깥이 어떻게 돌아가든 여기만은 늘 별일 없을 것만 같은 그런 곳이었다.

숙소 마당에는 여러 그루의 코코넛 나무가 일정한 간격을 두고 여기저기에 심겨 있었다. 크게 자란 잎사귀들이 만들어낸 그늘 안으로 들어갔다. 초록색 물감을 많이 쓴 그림으로 들어간 것만 같았다. 온 바닥에 깔린 모래 알갱이들이 반짝거리며 나를 맞아주었다. 코코넛 나무 잎사귀들은 쉬지 않고 넘실거렸다.

숙소는 단층으로 긴 형태였다. 몇 개의 방이 옆구리를 맞댄 채 나란히 줄지어 있었다. 외부에서 바로 각 방으로 출입하는 문이 있었다. 외벽은 밝은 민트색으로 칠해져 있었는데, 그 옅은 농도가 마음을 가볍게 해 주었다.

아침에 침대에서 눈을 뜨면 창문 너머로 시선을 두었다. 마당의 코코넛 나무들이 긴 창을 가득 메우고 있었다. 옅은 바람에 잎사귀들이 흔들거렸다. 그들이 움직일 때마다 내는 바스락바스락- 거리는 소리를 들으며 아침의 마당을 내다보고 있으면 무채색인 방 안도 초록빛으로 물들어갔다.

한낮은 뜨거웠다. 코코넛 나무 그늘에 위치한 해먹은 완벽한 대피소가 되어주었다. 해먹에 누워 노래를 듣고, 책을 읽다 보면 시간이 훌쩍 지나갔다. 그러다 보면 마당에는 커피 타임이 시작되었다. 숙소 주인 투안과 그의 친구 쿠아는 나의 커피도 함께 준비해주었다. 나중에 나에게 커피

값을 요구하면 어떡하지, 세상에 공짜는 없
는데-라고 생각하기도 했다. 하지만 보기
만 해도 시원해지는 몇 개의 얼음조각과
찰랑거리는 때깔 고운 연갈색 커피는 나
를 해먹에서 내려오게 하기에 충분했다.

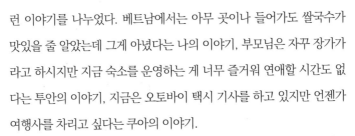

"못 하이 바이 요 옷!"

커피로 함께 건배를 외친 후, 우리는 두런두
런 이야기를 나누었다. 베트남에서는 아무 곳이나 들어가도 쌀국수가
맛있을 줄 알았는데 그게 아녔다는 나의 이야기, 부모님은 자꾸 장가
라고 하시지만 지금 숙소를 운영하는 게 너무 즐거워 연애할 시간도 없
다는 투안의 이야기, 지금은 오토바이 택시 기사를 하고 있지만 언젠가
여행사를 차리고 싶다는 쿠아의 이야기.

그렇게 우리들의 이야기로 오후의 마당을 채우고 있을 때, 숙소의 마
스코트 강아지 '봉'이 나의 옆으로 왔다. 여기까지 와서 바다도 보러 나
가지 않고, 수다나 떨고 있을 거냐고 물어보는 표정이었다. 마구 헝클어
진 털 사이로 보이는 봉의 눈빛이 꽤 진지하여 나는 바닷가로 향하지 않
을 수 없었다.

"알겠어, 같이 나가보자고!"

봉은 좋은 동행자가 되어주었다. 물론 숙소에서 바닷가까지는 길 하
나만 건너면 되지만, 아쉽게도 말처럼 간단하지 않았다. 무이네는 당
시 베트남에서 막 떠오르고 있는 휴양지였다. 그래서 이곳저곳에 새로

운 숙소나 레스토랑이 지어지고 있었다. 공사 중이라 길이 막혀 있는 곳이 많았다. 게다가 바닷가 쪽은 비싼 호텔들이 대부분 프라이빗 비치로 지정해두고 있었기에, 내게 허락되지 않은 길을 잘 피해서 해변에 도착해야 했다.

혼자였다면 많이 헤맸을 텐데, 내게는 든든한 '봉'이 있었다. 봉은 바닷가로 향하는 길을 누구보다도 훤히 꿰뚫고 있었다. 내가 걸음이 늦으면 봉은 뒤를 돌아보며 나의 위치를 확인했다. 그렇게 봉을 따라 해변에 도착하니 저 멀리 해가 수평선에 닿을 듯 말 듯 한 거리를 유지하고 있었다. 봉은 기분이 좋은지 마구 뛰어다녔고, 나는 하늘이 시시각각 변해가는 것을 바라보며 천천히 바닷가를 거닐었다.

그렇게 단순한 하루가 저물고 있었다. 큰 계획 없이도 즐거웠고, 특별히 한 일이 없어도 심심하지 않았다. 딱히 걱정할 거리도 없었고, 어려울 일도 없었다. 저녁은 무얼 먹고 마실지 행복한 고민을 하며 터벅터벅 바닷가를 벗어났다. 땅거미가 내 뒤로 천천히 내려앉았다.

무이네를 떠나던 날. 투안은 나에게 찰랑거리는 마지막 커피를 내어주었다. 장거리 버스를 타야 해서 일부로 물도 조금씩 마시고 있었지만, 거절할 수가 없었다. 난 감사히 그가 건넨 마지막 커피를 마셨다. 그 언제보다도 깊은 향이 우러난 무이네에서의 마지막 커피였다. 물론 그는 그간의 커피값도 받지 않았다.

버스는 뜨거운 오후를 가르며 달렸다. 내 시선은 내리쬐는 햇빛 안에 있었지만, 무이네의 코코넛 나무 그늘이 주는 시원함이 여전히 느껴졌다. 잎사귀 사이를 맴도는 바람 한 점도 함께였다. 바닷바람보다 사랑스러웠다. 살짝 눈을 감았다. 코코넛 나무 사이에서 흔들거리는 해먹이 보였다. 바닷가의 비싼 호텔 수영장 선베드가 부럽지 않았다. 마지막 커피 향이 여전히 입안에 맴돌고 있었다. 화려한 색의 칵테일보다 달콤했다.

무이네에서 보낸 별일 없던 며칠이 호찌민으로 향하는 길 위에서 그렇게 천천히 익어갔다.

제2장

언제나
이유는 사람

엄마의 첫 해외여행

- 왜 꼭 깨닫는 건 늦을까?

"엄마, 나랑 코타키나발루 갈래?"

나의 질문에 엄마는 다소 놀란 눈치였다. 하긴, 배낭여행을 시작하고 난 뒤 나는 때만 되면, 나 여행 다녀올게, 라며 출발 하루 이틀 전 통보 아닌 통보를 하던 딸이었다. 그런데, 그런 딸내미가 같이 해외여행을 가자고 하다니.

"실은 나 공짜 비행기표 당첨되었거든! 날짜가 지정되어 있어. 그래서 그날 꼭 가야 해. 나랑 같이 갈 거지?"

엄마는 엉겁결에 그러자고 대답했다. 나는 엄마에게 나만 믿고 따라오면 된다고 큰소리를 쳤다. 난생처음 여권을 만들러 가는 엄마의 발걸음이 가벼워 보였다. 그 여행은 나의 다섯 번째 해외여행, 그리고 엄마의 첫 번째 해외여행이었다.

공짜 비행기표라 그런지 자리가 영 안 좋았다. 우리는 어떤 이유에선지 의자가 뒤로 젖히지 않는 좌석을 받았다. 그렇지 않으면 엄마와 내가 따로따로 앉아야 한다고 했다. 엄마는 같이 앉자고, 따로 앉기 싫다고 했다.

기내식을 먹고 불이 꺼진 기내에서 나는 오만상을 찌푸리고 있었다. 우리 앞의 사람들이 등받이를 한껏 젖히고 있었기 때문이다. 젖혀지지 않는 의자에서 나는 숨이 막힐 것 같았다. 온갖 짜증이 폭발할 것 같은 나를 달래준 것은 엄마였다. 엄마는 당신도 힘들면서, 나에게 무릎을 내어 주었다.

"엄마 다리 베고 누워, 누워서 한 숨 자."

엄마도 힘들잖아, 라는 말을 끝까지 내뱉지 못하고 웅얼거리며 나는 그렇게 엄마의 다리를 베고 누워서 코타키나발루로 향했다.

공항에 도착해서 입국 심사를 향해 가는 길이었다.

"어머 영숙이 아니야?!"

그런데, 누군가 엄마 이름을 불렀다. 나와 엄마는 함께 그곳을 향해 돌아보았다. 돌아본 거기엔 엄마 친구가 있었다. 엄마와 친구분은 반갑게 인사를 나누며, 서로 여긴 어쩐 일이냐고 물었다.

"나는 친구들이랑 계모임으로 놀러 왔지."

라며 잘 나가는 듯한 리조트 이름을 대는 엄마 친구였다.

"나는 우리 딸이 여행시켜준다고 해서 같이 왔지!"

엄마는 내게 팔짱을 끼며 말했다.

엄마는 친구와 한국에서 보자는 작별 인사를 나누고는 나와 함께 입국 심사를 하러 갔다. 엄마의 어깨에는 어느덧 힘이 잔뜩 들어가 있었다. 나도 덩달아 기분이 좋아졌다.

우리는 한인민박을 숙소로 잡았다. 두 개의 침대와 거실, 식탁까지 갖

춘 개별 아파트 형태로 되어있었고, 아침 식사가 한식으로 제공되는 곳이었다. 코타키나발루는 휴양지의 성격이 강해서 그런지, 돈을 팍팍 쓰러 가는 고급 리조트나 호텔들이 많았다. 사회초년생이었던 나는 엄마에게, 나중에 돈 많이 벌면 엄마 친구처럼 저런 데서 자자고 했다. 엄마는 한인민박도 좋다고 했다.

아침 식사를 할 때마다 한인 민박 사장님은 우리에게 계속 투어를 소개해주었다. 그때의 나는 무엇이든 스스로 알아보고 경험하는 여행을 즐겨하던 때였다. 그래서 민박집에서 손쉽게 참여할 수 있는 투어는 거들떠보지도 않았다. 엄마가 어떻게 하면 여행을 좀 더 편하게 하실까라는 고민보단 나의 그 여행 욕구들을 채워야겠다는 게 더욱 강했다.

"엄마, 민박집 통해서 투어 예약하고 그러면 더 비싸고 우리가 하고 싶은 대로 못해. 섬에 들어가는 표 사고하는 것도 내가 다 알아봤으니 걱정 마!"

다행히도 엄마는 나를 굳게 믿어주었다.

꽉 찬 하루하루들이었다. 나는 여행을 준비하며 내가 하고 싶었던 것들을 하고, 보고 싶었던 것들을 보았다. 하루는 함께 선데이 마켓도 가고, 사피섬에도 들어갔다 오고, 야시장에서 저녁도 먹었다. 또 하루는 마누칸 섬에도 들어가고, 거기에서 물놀이를 하면서, 과자도 먹고 맥주도 마셨다. 또 하루는 점심부터 랍스터와 해산물을 잔뜩 시켜 먹고, 마사지를 받으러 갔다. 다른 날은 택시 대신 로컬 버스도 타보고, 탄중아루 비치에도 놀러 갔다.

무엇보다도 우리는 코타키나발루의 일몰에 매일매일 감탄했다. 여기에서는 다른 형태의 해가 지는 것 같다며 좋아했다. 엄마와 나는 늘 일몰 시간에 맞춰서 해변가로 향했다. 선셋을 보기 좋은 곳들을 찾아서. 그렇게 하루하루의 일몰을 담다 어느덧 마지막 선셋을 봐야 할 시간이 되었다. 우리는 워터프런트 근처에 있다가 일몰을 보기로 했다.

그런데 갑자기 비가 떨어지기 시작했다. 아, 안돼… 나는 우리가 비를 맞고 안 맞고를 떠나서 비가 오면 해 지는 것을 못 보니까, 그게 두려웠다. 엄마는 어느 건물의 처마 밑으로 나를 끌고 갔다. 나는 해가 금방 져버릴까 봐 발만 동동 굴렀다. 그래서 처마 밑에 있다 빠져나오기를 반복했다.

"엄마 해 지는 거 안 보러 갈 거야? 나 혼자 보러 간다?"

"애도 참, 감기 걸려 그런다! 해 지는 건 어제도 그제도 봤잖아."

"아니 매일이 다른 모습이라고!"

나는 결국 처마 밑에 엄마를 혼자 두고 해가 지는 모습이 잘 보이는 곳으로 향했다. 머리와 어깨 위로 비가 뚝뚝 떨어졌다. 하지만 다행히도 일몰의 모습이 가려질 만큼 비가 쏟아지지는 않았다. 땅이 비에 촉촉이 젖어들어가 일몰의 순간이 더욱 낭만스럽게 카메라에 담겼다. 나는 엄마에게 사진을 보여주며, 이거 못 봐서 속상하지 않냐고 했다. 입을 삐쭉 내밀면서. 엄마는 그런 내게 빨리 숙소에 돌아가자고 했다.

사실 엄마는 여행 기간 내내 해가 지면 저녁을 먹고 숙소로 돌아가는

발걸음을 재촉했다. 엄마에게는 첫 해외여행이고 아무래도 '밤거리'는
믿을만한 곳이 못될 테니까. 아무리 딸내미가 자신만 믿으라지만, 밤거
리는 무서우니까. 나는 다 알면서도 괜히 뾰로통해서 엄마에게 말했다.

"아, 내가 혼자 왔으면 밤에 말이야, 참 재밌게 놀러 다닐 텐데, 뭐가 무
섭다고 그래."

나는 일부러 더 짓궂게 말했다. 엄마는 그런 내게 방에 들어가서 맛있
는 안주 만들어줄 테니 같이 맥주를 마시자고 했다. 젖은 내 머리카락의
물기를 털어주면서.

한인민박 우리만의 공간에서 엄마는 비로소 편해 보였다. 하루 동안 만

난 새로운 곳에서의 낯선 풍경, 문화, 사람들을 만나며 날이 선 엄마의 긴장이 비로소 풀리는 듯했다. 여행이 주는 긴장과 설렘을 동시에 소화시키는 엄마였다.

문득 마지막 밤이 되어서야 그런 생각이 들었다. 나는 왜 엄마에게 하고 싶은 것, 보고 싶은 것, 먹고 싶은 것을 물어보지 않았을까? 내가 하고 싶은 거니까 당연히 엄마도 좋아하겠지, 내가 보고 싶던 거니까 엄마도 보고 싶었겠지, 내가 먹고 싶은 거니까 괜찮겠지… 엄마를 위하는 척이란 척은 다 해놓고, 사실은 그저 나를 위한 여행을 하고 있던 것이다.

왜 꼭 깨닫는 건 늦을까, 당장 내일이면 우리는 한국으로 돌아갈 비행기를 탈 텐데, 왜 마지막 날이 되어서야 이렇게 깨닫는 걸까 싶었다. 엄마에게 미안한 마음이 들었다. 표현하지 못하는 마음을 홀로 꽁꽁 담아둔 채, 나는 엄마가 차려준 안주와 맥주를 먹기 시작했다. 촌스러운 꽃무늬의 접시마저도 사랑스럽게 느껴졌다.

내가 원하던 코타키나발루의 밤문화는 엿보거나 즐기지 못했지만, 나는 대신 한인민박 우리만의 공간에서 엄마와 둘만의 찐한 시간을 나누었다. 네 가족이 사는 집에서 이렇게 둘만 있던 것도 참 드문 일이지 싶었다. 우리는 이런저런 이야기를 나누며, 안주와 맥주를 모두 먹어 치웠다. 엄마는 자기 전 내 목과 등, 어깨에 알로에 크림을 발라주었다. 전날 마누칸 섬에서 피부가 잔뜩 익어 여전히 벌건 상태였다. 난 잠들기 전까지 엄마의 사랑을 듬뿍 받았다.

코타키나발루 여행 얼마 후, 그때 찍은 사진 몇 장을 인화하여 엄마에게 깜짝 선물로 준 적이 있다. 엄마는 마치 그 사진을 어디서도 구하지 못할 보물처럼 여겼다. 엄마는 그 사진을 당신의 화장대 거울에 오래도록 붙여 놓았다.

나는 그 뒤로도 여행을 많이 갔다. 여행으로는 부족해서 해외에 나가서 살기도 했다. 나에게는 새로운 추억들이 많이도 쌓였지만, 엄마에게는 여전히 나와의 여행이 해외여행이 전부였다. 가끔 엄마는 카카오톡 사진을 그때 내가 찍어준 사진으로 바꾸곤 했는데, 그때마다 뭔가 모를 헛헛함이 밀려왔다. 그로부터 9년 뒤, 우리 가족은 처음으로 해외여행을 할 수 있게 되었다. 엄마의 여권이 만료되기 직전이었고, 엄마의 카카오톡 사진은 가족 여행 사진으로 바뀌었다.

이 글을 쓰다 그때의 기억이 너무도 밀려와, 엄마에게 톡 메시지를 보냈다.

- 문득… 엄마랑 둘이 놀러 갔던 코타키나발루가 그립네, 나중에 또 놀러 가자. 아빠랑 언니는 빼고 둘이서만.

엄마는 흔쾌히 그러자고 했다. 그녀와 다시 둘이서 여행하는 그날에는, '나만 믿고 따라와.'가 아닌 진짜 엄마가 하고 싶은 여행을 해봐야겠다는 다짐을 해본다.

초대받은 밤

- 그녀들과 나눈 여행과 일상의 경계

꽤 오래전 이야기이다. 초겨울이었고, 막 백수가 되었을 때였다.

당시 서서히 인기를 끌기 시작하던 소셜커머스를 둘러보다 상당히 저렴한 제주행 비행기 티켓을 발견했다. 시간은 많은데 돈은 없던 나는 쉽게 현혹되었다. 최저가 티켓은 월요일 김포 출발, 목요일 김포 도착이었다. 완벽했다.

이어서 숙소를 골랐다. 낮은 금액부터 살펴보다 하룻밤에 7,900원짜리 방에서 멈췄다. 간이침대를 펴면 최대 14명까지도 잘 수 있다는 제주시의 한 게스트하우스였다. 더 볼 것도 없이 3박을 예약했다.

그렇게 제주로 향했다. 무엇을 해야 할지는 몰랐다. 제주는 고등학생때 수학여행으로 간 적이 한 번 있긴 했지만 기억나는 것은 별로 없었다. 비로 인해 한라산 등반이 취소되고, 선생님 몰래 챙겨간 소주에 음료수를 타 마시던 것 정도만 아련하게 기억나는 제주였다.

게스트하우스는 공항에서 가까웠다. 2인실, 4인실, 6인실을 지나 내가 머물 방 앞에 섰다. 2층 침대 6개가 답답하게 줄지어 있었다. 나는 가장

안쪽 1층 침대를 골라 짐을 올려 두었다.

배가 고파진 나는 숙소 근처 동문 로터리를 어슬렁거렸다. 뭘 먹어야 할지 몰라, 눈앞에 보이는 작은 분식집에 들어가서 국수로 끼니를 때웠다. 그리고는 여행 분위기를 내려 어느 레게 펍에 들어가서 맥주를 홀짝였다. 주머니가 가벼워 세 병 마시고 싶은 걸 두 병으로 끝냈다.

이 정도면 여행 첫날 혼자서 잘 놀았지 뭐, 라며 숙소 앞에 도착했다. 우리 방에 몇 명이나 같이 자려나 궁금해하며 숙소의 공용 대문을 열었다. 순간 숙소 안을 가득 메우던 왁자지껄한 소리가 문틈으로 쏟아져 나왔다. 여행 첫날이 아직 끝나지 않고 나를 기다리고 있었다.

모든 숙박객이 한데 모여있었다. 테이블 위에는 맥주와 소주 그리고 몇 가지 안주가 있었다. 모두가 나를 반겨주었다. 나는 당황했지만, 최대한 자연스럽게 그들 사이에 자리를 잡고 앉았다. 얼마 뒤, 정신을 차려 보니 나도 그들과 함께 한라산 소주 칵테일을 열심히 들이켜고 있었다.

"나는 제주에서 감귤 알바, 그거 몇 달 하고 있어요. 여기 사장님이랑 네고해서 우리 셋이서 4인실에서 지내면서."

사람 좋은 웃음을 지어 보이며 그녀가 다른 두 명을 가리켰다. '여기에 산다'라는 말을 듣고 보니, 그 세 명의 언니들은 다른 여행자들이랑은 조금 달라 보였다. 일과를 마친 후 보내는 저녁이, 일상에서 벗어나 여행하는 저녁의 모습과 같을 수는 없었다.

'저도 일할 수 있나요?'로 시작한 대화가 무슨 일을 했었는지, 여행은 많이 다녀봤는지, 무슨 공부를 했는지로 이어졌다. 대화가 한창일 때 시간은 어느덧 자정이 가까워졌다. 자리를 끝낼 시간이었다. 내가 아쉬워하는 것을 눈치챘는지, 그녀가 내게 말했다.

"우리 방으로 같이 가요!"

그녀들을 따라 2층 침대 두 개가 기역 자로 놓인 방에 들어갔다. 같은 숙소이지만 14인실의 내 방과 다르게 사람 냄새가 났다. 차곡차곡 쌓여 있는 언니들의 살림살이가 방 안에 생기를 불어넣어 주고 있었다. 얼마 전 이사한 친구의 자취방에 놀러 간 듯한 기분이었다.

우리는 넷이 되어 맥주를 마시며 수다를 떨었다. 처음 만난 언니들인데도 왠지 모르게 어색함이 느껴지지 않았다. 언니들과 나이 차가 꽤 있음에도 불편하지 않았고, 서로에 대해 아는 것이 많지 않았지만 시간을 함께 보내는 데에는 어려움이 없었다.

"여기 침대 하나 비는데, 여기 와서 자! 우리 방엔 화장실도 딸려 있어서 편할 거야."

세 언니 중 왕언니가 나에게 말했다. 정말요? 눈이 휘둥그레져서 되물었다. 언니들 모두가 끄덕였다. 신이 난 나는 14인실 방에 가서 베개와 세면도구만 슬쩍 가지고 나왔다. 이미 곤히 잠든 한 여행객이 문에서 가까운 침대에서 코를 골며 단잠에 빠져있었다.

대학 때 막차를 놓치곤 기숙사에 사는 동기 방에 몰래 들어가서 자던 기억이 났다. 외부인은 출입이 금지되어 있던 기숙사 출입은 전용 카드를 태그 하고서야 가능했다. 방에 먼저 올라간 친구가 창밖으로 출입 카드를 던져준다. 그러면 그걸 들고, 경비 아저씨가 늘 있던 정문 대신, 지하 후문을 통하여 출입하는 것이다. 새어 나오는 웃음을 참으며, 얼굴이 벌게져서는 기숙사생인 척하느라 애를 쓰곤 했었다.

모두가 잠든 게스트하우스의 밤은 참 조용했다. 대학생 때의 기억으로 입에선 키득키득 웃음소리가 새어 나오는 걸 꾹 참으며, 조용한 복도를 발뒤꿈치를 들고 살금살금 걸었다.

나는 다른 여행자와 공유하는 내 방을 나와, 제주에서 일상을 살아내고 있는 언니들의 방으로 다시 건너갔다. 방에 도착하자 언니들이 신난 얼굴로 내게 이야기했다.

"내일 우리 차 렌트해서 같이 드라이브 가자! 날씨도 좋은데 일만 하는 것도 억울해!"

일상에 찾아온 가느다란 여행의 설렘이 언니들의 얼굴에 비쳤다. 나 또한 언니들만큼이나 기뻐했다.

언니들은 나에게 하나 남은 2층 침대를 내어주었다. 양치하고 나오자, 나의 아래층 침대 언니는 이미 깊이 잠들어 있었다. 언니의 숨소리가 방 안에 고요히 퍼졌다. 나는 그 소리를 들으며 창가를 향해 옆으로 누웠다. 침대에서 흐른 삐걱거리는 소리가 창가에 닿았다. 창문 앞에 있는 옷걸이에는 언니들의 겉옷 몇 벌이 걸려 있었다. 언니들이 걸어둔 일상의 조각이 언니들의 방을 따뜻하게 했다. 여행 첫날밤이 그렇게 깊어져 갔다.

다음날 우리 넷은 온종일 함께했다. 느지막이 일어나서 고기국수로 해장하고, 오일장을 구경했다. 해안도로를 달리며 초겨울 제주의 햇빛을 잔뜩 누렸다. 우리는 애월의 한담 해안산책로를 걷고, 아기자기한 카페에서 따뜻한 차를 사 마셨다. 협재 해수욕장도 구경하고 산방산 근처까지 가서 일몰을 보았다. 저녁으로는 혼자선 먹지 못했을 흑돼지 삼겹살에 한라산 소주를 나눠 마셨다.

언니들은 내가 숙소에 머무는 동안 매일 밤 나를 초대했다. 우리는 시간 가는 줄 모르고 이야기를 나누고 함께 많이 웃었다. 나는 언니들의 일상으로 초대받은 여행자가 되어 그녀들과 여행과 일상의 경계를 함께 나눴다.

제주는 그 뒤로도 출장이나 여행으로 몇 차례 갔다. 갈 때마다 분위기 좋은 곳에서 맛있는 것도 먹고, 좋은 숙소에서도 자고, 아름다운 해안도로를 많이 달렸다. 하지만 10년도 더 전에 단출한 게스트하우스에서 만났던 언니들과 보낸 순간들을 앞서는 기억은 감히 없다.

언니들과 먹었던 흑돼지, 작은 차를 타고 함께 달리던 해안도로, 재잘대며 이야기를 나누다 잠들던 4인실. 함께 한 여행이 그녀들의 일상 옆에서 자리를 잡고 피어나던 그날. 그 여행이 언제까지고 '나의 제주'에 가득 맺혀 있을 것이다.

카사블랑카에 있는 집

– 여행으로 만드는 가족

카사블랑카(Casablanca)로 향했다. 카사블랑카를 떠난 지 4일 만이었다.

4일 전 카사블랑카에 머물며 친구가 되었던 매지드, 그와 그의 가족들이 살고 있는 집으로 가는 길이었다. 매지드를 통하여 가족들에게 연락하여, 하룻밤 신세를 지기로 했다. 나는 매지드의 가족들에게 줄 선물이 가방 안에 잘 들어있는지 기차 안에서 몇 번이나 확인했다. 창밖은 이미 어두워져 있었다.

"어서 와요, 잘 왔어요!"

매지드의 가족들이 내 이름을 부르며 반갑게 나를 맞아주었다. 매지드의 큰 누나 수아드가 나를 꼭 안아주었다. 고작 하루를 봤을 뿐인데도 헤어지며 눈물까지 보였던 그녀와 나였다. 초등학생인 막내는 마치 오랜만에 가까운 친척을 보는 것처럼 좋아했다. 그들은 늦은 시간임에도 부엌에 있는 온갖 과일을 내어 주었다.

"모로코 북쪽을 여행하려고 했는데, 마음이 편하지 않더라고요. 그래서 아실라(Asilah)까지 갔다가 다시 방향을 남쪽으로 틀었어요. 이렇게 불쑥 신세를 지게 되어서 죄송하고 고마워요."

"무슨 소리예요! 카사블랑카에 있는 집이라고 생각하라고 했잖아요, 너무 잘 왔어요."

나는 가방에서 가족들을 주려고 산 선물을 꺼냈다. 포장지의 부스럭 소리가 요란했다. 매지드의 세 자매와 어머니를 위한 팔찌 네 개였다. 시장에서 어렵지 않게 찾을 수 있는 디자인에 플라스틱 비즈로 만들어진 팔찌. 그런데도 그들은 마치 내가 금팔찌라도 선물한 것처럼 고마워했다.

막내는 방으로 잽싸게 뛰어다녀 오더니 내 손목에도 팔찌를 하나 끼워주었다. 카사블랑카의 초등학생들에게 유행하는 스타일인 것 같았다. 우리는 서로 손목을 흔들며 즐거워했다.

그렇게 나는 매지드의 가족들과 하룻밤을 보내게 되었다. 어머니, 아버지, 세 자매 그리고 매지드. 이렇게 그의 가족은 여섯 명이다. 그들의 집은 두 층으로 이루어져 있었다. 거실과 응접실 등 공용 공간이 네 개, 부엌 하나, 무슬림 가족답게 기도 공간도 하나 있었다. 화장실은 층마다 하나씩 있었고, 침실은 총 세 개였다. 하나는 부모님이, 하나는 매지드가 그리고 나머지 방 하나를 세 자매가 함께 쓰고 있었다.

나는 짐을 풀고 칫솔과 세안제를 챙겨서 화장실로 향했다. 그런데 화장실 문을 열고 들어가자마자 나는 크게 당황했다. 화장실은 기도 공간보다도 작았다. 반 평도 채 되지 않는 크기였다. 양변기도, 세면대도, 샤워기도 없었다. 대신 양옆으로 발판이 있는 화변기 하나가 있었다. 그리고 무릎 높이에서 빼꼼히 나온 두 개의 수도꼭지와 그 아래 커다란 양동이. 물이 어느 정도 채워진 그 양동이 안에는 작은 바가지가 둥둥 떠 있었다.

나는 칫솔과 세안제를 그대로 손에 쥐고 거실로 갔다. 수아드가 난처해하는 나를 발견했다. 나는 그녀에게 혹시 샤워할 수 있는 화장실이 따로 있느냐고 조심스레 물었다. 그녀는 알겠다는 표정으로 내 손을 잡고는 나를 화장실로 데려갔다.

그녀는 화장실 안의 것들을 하나하나 손으로 가리켰다. 그녀의 손짓은 화변기와 발판을 지나 수도꼭지, 큰 양동이와 작은 바가지 그리고 다시 화변기로 이어졌다. 그녀는 바가지를 이용하여 직접 샤워를 하는 시늉을 보여주기도 했다. 마지막으로 화변기의 구멍을 가리키며 '노 프라블럼'이라 했다. 나는 알겠다고 그녀를 따라 '노 프라블럼'이라 답했다.

대답은 그렇게 했지만 비좁은 화장실에 문을 닫고 들어가 있으니 조금은 막막했다. 어디에 서서 샤워해야 할지 고민했지만, 화변기의 발판 말고는 따로 설 곳이 없었다. 나는 발판 위에 어색하게 자리를 잡았다. 발이 편안하게 자리 잡지 못하니 몸은 엉거주춤했고, 허벅지에 힘이 잔뜩 들어가 마치 벌이라도 받는 자세였다. 허리를 숙여 머리를 감을 때에는 당시 유독 길었던 머리가 화변기 구멍으로 쓸려갈 것만 같아서 어설픈 깨금발을 하기도 했다.

수도꼭지에서는 찬물과 뜨거운 물이 적당한 비율로 쏟아졌다. 양동이의 물은 천천히 채워지고 재빨리 비워졌다. 머리를 감고, 양치하고, 샤워

하느라 쓴 모든 물이 화변기 아래로 열심히 사라졌다. 그녀의 말대로 배수는 순조롭게 진행되었다.

샤워를 겨우 마친 후 몸의 물기를 닦아내고 주섬주섬 옷을 입었다. 분홍색 테이프로 테두리를 마감한 거울에 습기가 잔뜩 차 있었다. 수건으로 쓱 문질렀다. 그 안의 나와 눈이 마주쳤다. 방금 샤워를 끝낸 것 치고는 상당히 떼꾼해 보였다. 괜히 한 번 더 거울을 쓱 문질렀다.

"화장실이 많이 불편하죠?"

수아드가 나를 기다리고 있었다. 대답 대신 미소로 답하자 그녀가 이어서 말했다.

"난 그래서 일주일에 한 번씩은 함맘(hammam: 터키식 공중목욕탕)에 가요. 여러 명이 쓰는 곳이긴 해도, 집 화장실에서 씻는 것보단 훨씬 편하니까." 그녀가 수줍게 웃었다.

그녀는 나를 세 자매의 방으로 데려갔다. 방 안의 가구는 더블 사이즈 침대 하나와 옷장이 전부였다. 책상도 없었고, 화장대도 없었다. 그녀들의 방은 둘이서 써도 한참 부족해 보였다.

우리는 완벽한 의사소통을 할 수는 없었지만, 친밀함을 나누기에는 부족하지 않았다. 나는 그녀들에게 내가 모로코 여행 중 찍은 사진들을 보여주었고, 그녀들은 아는 곳이 나오면 반가워했다. 우리는 다음날 계획도 함께 세웠다. 함께 시내로 나가 시장 구경도 하고, 카페도 가기로 했다. 우린 함께 할 내일을 이야기하며 들뜬 마음을 나누었다.

어느덧 눈이 감기는 막내가 익숙한 듯 바닥에 요를 깔았다. 그나마 있던 발 디딜 틈조차 없어졌다. 나는 잘 자라는 인사를 남긴 채, 침대와 요 사이를 까치발로 걸어 나왔다. 그녀들의 '굿나잇'이 꼬리에 꼬리를 물고 기분 좋게 따라왔다.

나는 매지드가 내어준 방으로 갔다. 그는 자신의 침대를 내어주고 거실 소파에서 이미 잠들어 있었다. 나는 방 불을 끄고 침대 위에 누웠다. 조금만 움직여도 떨어질 것 같이 작은 침대였지만 세월에 무르익은 매트리스가 나를 안정감 있게 잡아주었다.

샤워할 때 발바닥에 무게를 완벽히 내려놓지 못했던 까닭에 허벅지가 살짝 저린 것도 같았다. 누운 채로 허벅지를 조금 주무르고 있는데, 세 자매가 잠들기 전에 속삭이는 소리가 들려왔다. 가만히 듣고 있으니 옅은 빗소리를 듣는 것처럼 편안했다.

수아드가 내게 했던 말이 생각났다. 카사블랑카에 있는 집. 나는 그 말을 천천히 내뱉어 소리로 만들어 내었다. 거실에서 들려오는 매지드의 코 고는 소리와 작은 침대가 삐걱거리는 소리마저도 정겨웠다. 카사블랑카에 있는 집이 틀림없었다.

사미라 그리고 파티마

- 와르자잣을 여행하는 또 다른 기쁨

와르자잣(Ouarzazat)에 도착하자마자 숨이 턱 막혔다. 가까이에 사하라 사막이 있음이 온몸으로 느껴졌다.

버스에서 내린 지 얼마 되지도 않아 팔뚝 살이 타들어 가는 것 같았다. 하지만 그보다도 달려드는 택시 기사들 때문에 신경이 곤두섰다. 비수기인 탓에 버스에서 내리는 유일한 외국인인 나를 발견하고는 몇 명의 택시 기사가 서로 자기 택시로 데려가려 안달이 난 것이다. 나는 인상을 팍 쓰고 단호하게 '노!'를 연달아 외치며 그들 사이를 헤집고 갔다.

그들을 뒤로하고 몇 발짝 걷다가 홀로 있는 택시 기사를 발견했다. 나는 그와 택시값을 흥정하고 택시에 올라탔다. 터미널에 있던 택시 기사 무리가 내 뒤에 대고 고래고래 소리를 질렀다. 모로코 아랍어를 몰라도 그 순간만큼은 뭐라고 하는지 너무 잘 알 것 같았다.

그렇게 나는 뜨거운 와르자잣에 도착했고, 택시기사들이 나에게 치던 고함은 나와 사미라의 첫 대화 주제가 되었다.

사미라는 내가 와르자잣에서 닷새를 보낸 호텔의 직원이었다. 그녀는 오후 동안 호텔 로비의 데스크를 지키고 있었다. 분홍색을 유난히 좋아하는

지 그녀는 분홍색 상의를 자주 입었다. 히잡은 매일 색깔이 바뀌었다. 그녀는 호텔에서 근무하지 않을 때는 학교 선생님이 되기 위해 공부를 한다고 했다. 나는 웃으면 초승달이 되는 그녀의 큰 눈이 참 예쁘다고 생각했다.

여행자의 일과를 마치고 호텔로 돌아오면 늘 그녀가 반겨주었다. 그녀는 나의 하루가 어땠는지 궁금해했고, 와르자잣에 머무는 동안 하루도 빼놓지 않고 매일같이 우리는 이야기를 나눴다. 나는 그 즐거움에 빠져 늘 하루의 이야깃거리를 차곡차곡 준비해 갔다. 그녀는 마치 나의 이야기 듣는 것이 가장 중요한 일인 것처럼 귀를 쫑긋하고 들어주었다.

"어때요? 잘 보냈어요 오늘? 별일 없었지요?"

"말도 말아요, 저쪽 큰 길가를 걷고 있는데 건너편 차선에서 남자애들 둘이서 막 차 빵빵거리면서 지나가더라고요, 나한테 뭐라 뭐라 하면서. 무시했는데, 갑자기 유턴해서 내 옆에 차를 세우지 뭐예요? 내려서 나한테 연락처를 달라는 거예요. 계속 끈질기게 그래서 조금 무서워서 이상한 번호 눌러주고 왔어요. 내일 또 만나진 않겠죠?"

그녀는 알만하다는 듯 고개를 절레절레 흔들며 대꾸했다.

"혼자 다니니까 그런 남자들 많이 볼 거예요. 최대한 반응하지 않는 게 좋은데, 그것도 쉽지 않죠?"

"맞아요! 그냥 지나가니까 귀머거리냐고 하질 않나, 앞이 안 보이냐고 하질 않나…"

"그래도 잘 대처했어요! 전에 다른 여자 여행자는 하도 귀찮아서 히잡을 쓰고 다니더라고요! 필요하면 하나 빌려줄 테니 말해요!"

그리고 다음 날엔, 내게 새로 생긴 모로코 이름을 가지고 우리는 대화를 나눴다.

"오늘 다녀온 아잇벤하도(Aït-Ben-Haddou)는 기대했던 것보다도 훨씬 멋졌어요. 거기에서 엽서 사이즈의 그림을 하나 샀는데 이름을 써준다는 거예요. 나는 내 이름을 말했는데, 모로코 이름을 하나 지어준다며 파티마(Fatima)라고 써주더라고요. 그래서 나는 오늘부터 파티마가 되었어요."

사미라는 재미있다는 듯 깔깔거리며 웃었다. 사실 파티마는 모로칸 이름 중 정말 흔한 여자 이름 중 하나이다. 사미라는 이미 파티마라는 이름의 친구가 대여섯은 있었고, 가족과 친척에도 파티마가 여럿 포진되어 있었다. 그럼에도 그녀는 한국인 파티마는 처음 본다며 좋아했다. 그녀는 계속해서 나를 파티마라고 불렀고, 내 연락처를 저장할 때에도 파티마 '괄호 열고 내 원래 이름 괄호 닫고'로 저장을 했다.

"파티마! 오늘 다데스 협곡(Dadès Gorges) 잘 다녀왔어요? 비가 많이 와서 걱정했어요!"

그녀는 늘 나의 다음 날 계획을 궁금해했고, 다음 날이면 잊지 않고 나의 하루가 어땠는지 먼저 물어보곤 했다.

"사미라, 정말 비가 엄청나게 내려서 협곡은 제대로 못 봤어요. 물이 엄청 불어나서 위험한 수준이었거든요. 가는 길도 만만치 않았어요. 택시를 타고 가는데 두 시간이면 간다더니 두 시간 째 도착을 못 하고 있었어요. 사실 비도 오고 하니까 더 걸리나 보다 했죠. 그러다 택시가 서더

니, 다른 택시로 갈아타라는 거예요. 내가 의심스러운 눈초리로 보니까, 20분만 더 가면 된다고 하더라고요.

당연히 20분은 거짓말이었고 한 시간은 더 갔어요. 택시가 7명 정원인데 10명이 끼여 탔어요. (모로코에서 도시 간 이동하는 그랑 택시는 같은 목적지로 향하는 6명이 모이거나, 그만큼의 돈이 계산되면 출발한다. 늘 정원보다 3~4명은 더 태우지만, 누구 하나 불평하지 않는다.) 산길은 멋진데 차멀미가 나기 시작했고, 어딘가에서 자꾸 가스 냄새가 나서 울렁거리고, 가운데 앉은 할아버지는 끊임없이 이야기하고, 기사 아저씨는 자꾸 대화에 끼겠다고 고개를 뒤로 돌리고… 어휴. 비바람은 계속 몰아치는데 와이퍼는 고장 났더라고요. 게다가 기사 아저씨가 차 세우길래 도착한 줄 알았는데 구멍가게에서 장 봐오더라고요.

데이터는 당연히 안 터지고, 낡은 차 문은 아직도 붙어있는 게 신기할 정도… 그 와중에 한 청년은 아무렇지 않다는 듯 머릿수 맞춰 자기 샌드 위치 나눠주더라고요. 비 몰아치는 산길을 걱정하는 건 나뿐인가 했죠. 근데 내가 내릴 때 그 말 많던 할아버지가 바이 바이라며 손 흔들어주던 게 자꾸 생각나요."

그녀의 눈빛은 마치 종일 기다려온 좋아하는 드라마를 보는 듯했다. 그녀는 처음부터 끝까지 마치 함께 겪은 일을 회상하듯 이야기를 들어주었다. 그녀의 맞장구에 신이 난 나는 먼 거리를 다녀온 피곤함도 잊었다.

혼자 여행할 때는 자주 느끼지 못하는 타인이 건넨 관심과 다정함은 생각보다 더 달콤했다. 내가 겪은 하루의 이야기들이 여기에서 나고 자란 사미라에게 신기하거나 놀라운 소재는 결코 아니었을 것이다. 하지만 그럼에도 그녀는 외국인 여행자가 보는 그녀의 도시를 궁금해했다. 마치 소풍을 떠난 어린아이가 3단 도시락을 펼치며 무엇이 들어있을지 궁금해하고 설레 하는 것처럼. 이야기를 나누며 커지던 그녀의 두 눈과 다양한 표정을 나는 오래오래 곱씹었다.

마지막 날 그녀는 근무 시간을 바꿔서 오전부터 나와 있었다. 내가 체크아웃할 때 맞춰서 작별 인사를 나누기 위함이었다. 나는 그녀의 따뜻한 배웅에 마음이 저릿해졌다. 우리는 왓츠앱(WhatsApp)으로 종종 연락을 나누기로 했다. 진짜 갈게요,를 세 번째로 말하고 나서야 나는 호텔 문을 열었다. 버스 시간이 임박하지 않았다면 아마 더 있었을 것이다.

호텔 문이 닫히기 전 마지막으로 뒤를 돌아 손을 흔들었다. 호텔 로비의 침침한 조명 아래에서 그녀의 큰 눈이 반짝였다. 늘 생기 넘치던 그녀와의 즐거운 대화는 와르자잣을 여행하는 또 다른 기쁨이었다. 그녀와 보낸 시간이 가방 안에서 찰랑거렸다.

어쩌다 동행

- 다가올 이별은 멀었고, 함께 보내는 하루는 길었다.

나를 태운 택시가 한 번 멈췄다. 혼자 택시를 누리는 호사는 5분도 안 되어 끝났다. 거기에서 방향이 같은 사람들 몇 명을 더 태웠다. 승객 중, 유독 커다란 배낭을 메고 있는 여행자가 있었다. 동양인이었다. 그녀를 힐끔 쳐다보다 눈이 마주쳤다. 우리는 서로 얼굴을 확인하고는 어?! 눈이 휘둥그레졌다.

전날 갔던 투드라 협곡에는 외국인 여행자보다 현지인들이 훨씬 많아서 외국인이 눈에 띌 수밖에 없었다. 게다가 그곳에 동양인은 그녀와 나뿐이었다. 그때 스치며 눈인사를 나누었던 얼굴이었다. 다시 같은 택시 안에서 만난 우리는 신기해하며 인사를 나눴다. 그녀는 일본인이었고, 나처럼 칼라트 엠구나(Kalaat M'Gouna)로 향하는 길이었다.

나는 미리 점찍어 둔 숙소가 있었다. 사하라에 들어갈 때 함께 했던 후 씬에게 소개받은 곳이었다. 그의 친구가 일하고 있는 리아드(Riad)인데, 나름 그 동네에서 잘 나가는 숙소라고 했다.

반면 그녀는 따로 예약해 둔 숙소가 없었다. 나는 그녀에게 내가 갈 숙소에 관해 이야기했고, 그녀도 같이 가서 방을 한번 보고 결정하겠다고 했다. 그리하여 우리의 동행은 내가 예약한 숙소까지 이어졌다. 숙소와 가까운 도로에 멈춰 선 택시 트렁크 안에서 그녀의 커다란 배낭과 나의 작은 배낭이 나란히 꺼내졌다.

숙소 가는 길은 만만치 않았다. 칼라트엠구나의 변두리 어느 숲 속 안에 위치한 곳이었다. 뭐랄까, 이 동네를 이미 잘 알고, 자주 찾는 사람들이 며칠 푹 쉬다 갈 곳을 찾을 때 묵기 딱 좋은 콘셉트였다. 중간에 몇 번 길을 잘못 들기도 했다. 다행히도 간간이 숙소 이정표가 나왔다.

30분을 넘게 헤맨 후 도착한 리아드는 정말 으리으리했다. 지금껏 묵었던 어느 숙소보다도 규모가 컸다. 방을 먼저 구경했는데, 내부도 정말 깔끔했다. 벌레가 나오진 않을까, 이불이 찝찝한 거 같은데, 변기는 깨끗하겠지 같은 근심 없이 그냥 막 맨발로 돌아다녀도 괜찮을 것 같은 그런 방이었다. 그녀도 마음에 들어 했다.

우리는 각자 방을 체크인하려고 했다. 그런데 숙소가 너무 비쌌다. 그때까지 쓰던 숙박비의 배가 넘는 금액을 내고 잘 수는 없었다. 더구나 혼자 방을 쓰나, 둘이서 같은 방을 쓰나 금액이 얼마 차이가 나지도 않았다. 결코 같은 방을 쓸 생각이 없었던 그녀와 나였지만, 우리는 금액 이야기에 또다시 힐끔 서로를 보며 운을 띄웠다.

"우리…."

"좋아요."

생각보다 결정은 빨리 이루어졌다. 다시 숲길을 헤매며 도로에 나가서 택시를 잡고 시내로 이동할 생각을 하니 끔찍했다. 깔끔한 방의 내부에어서 짐을 풀고 싶을 뿐이었다.

그렇게 누군가와 함께 여행 중 숙소를 함께 쓰게 되었다. 모르는 사람이지만 마냥 모른다고 하기도 뭐하고, 그렇다고 아는 사람도 아닌, 전날 처음 본 사람과 함께.

오래전 그녀는 도쿄에서 잘 나가는 헤어 디자이너로 일했다고 한다. 그러다 우연히 떠난 인도 여행으로 인생의 큰 변화를 느낀 것이다. 도쿄가 싫어졌고, 발버둥 치며 소유했던 모든 것들에 흥미를 잃게 되었다고 했다. 그래서 그때부터는 될 수 있는 대로 여행을 다니기 시작했다고. 일 년 중 반은 닥치는 대로 돈을 벌고, 나머지 반은 여행을 다니며 그 돈을 쓰는 중이라고 했다.

그리고 (그 해) 상반기에 번 돈으로 카미노 데 산티아고 순례길을 걷고 스페인 남부를 여행하다가 모로코로 넘어온 것이라고 했다. 나도 2년 전 걸었던 길이라 더욱 반가웠고, 그 얘기를 시작으로 우리는 서로의 이야기를 거리낌 없이 늘어놓게 되었다. 오랜만에 느끼는 편안함이었다. 우리는 리아드의 정원에 있는 해먹에 누워 계속해서 많은 이야기를 나누었다. 손님도 없어서 정원은 온통 우리 차지였다.

그런데 해가 지고 기온이 떨어지자 몸살 기운이 돌기 시작했다. 게다가 숙소가 숲 한가운데에 있다 보니, 밤의 차가움이 곧장 닿았다. 바람이 세게 숙소에 부딪힐 때마다 몸살 기운도 점점 심해지는 것 같았다.

　으리으리한 리아드 방 안도 춥기는 마찬가지였다. 그저 이불을 잔뜩 끌어안고 있을 수밖에 없었다. 저녁 먹은 걸 토해내고, 온몸이 바늘에 찔리는 듯한 기분이 들어 제대로 걷지도 못했다. 그때 그녀가 옆에 있어주었다. 내가 토할 때마다 그녀가 머리카락을 잡아주고 등을 두드려 줬다. 숙소 직원에게 부탁하여 약을 얻어다 주기도 하고, 따뜻한 차를 끓여 주기도 했다.

　그녀가 괜찮을 거라고 말해주니, 정말 괜찮아질 것 같았다. 방 안에는 멈추지 않고 냉기가 들이닥쳤지만, 그녀의 정성스러운 간호에 마음속엔 온기가 피어났다.

　다음 날, 나는 그 언제보다도 개운하게 잠에서 깼다. 그녀 덕분이었다.

그녀는 내 상황이 좋아진 것을 보고는, 나보다 더 좋아했다.

우리는 함께 카스바 이트란(Kasbah Itran)을 찾아갔다. 그곳의 풍경을 보며 함께 넋이 나가기도 하고, 서로 사진을 찍어 주기도 했다. 함께 민트 티를 마시고 땅콩도 까먹었다. 따뜻한 햇살과 부드러운 바람을 맞으며 살짝 낮잠에 빠지기도 했다. 몸도, 마음도 편안한 함께 하는 길이었다.

다시 숙소로 돌아가는 길, 우리는 버스를 타지 않고 함께 걸었다. 거리는 10km가 조금 넘었지만, 걷기에 충분한 시간과 햇빛이 있었기 때문이다. 함께 걸으며 우리는 서로의 나이를, 앞으로의 계획을, 인생에서 도려내고 싶었던 순간을 묻지 않았다. 대신 우리는 가장 가고 싶은 도시, 오랫동안 기억하고 싶은 이야기, 마음을 온통 빼앗겼던 풍경 혹은 사람에 대해 이야기했다.

다가올 이별은 멀었고, 함께 보내는 하루는 길었다. 우리는 나란히, 계속해서 나란히 걸었다. 우리가 함께 흥얼거리는 멜로디가 그 길 위에 사뿐히 내려앉았다.

다음 날, 우리는 함께 조식을 먹고 각자의 가방을 다시 챙겼다. 체크 아웃을 하고 숙소를 뒤로한 채 걸었다. 마지막으로 함께 걷는 길이었다. 그녀는 모로코 여행을 끝내고 런던으로 넘어간다고 했다.

우리는 처음이자 마지막 포옹을 나눈 채, 각자의 버스에 올라탔다. 우연히 스치며 보았던 사람과 같은 택시에 타면서 시작된 삼 일간의 동행. 그녀와 나는 '오랫동안 기억하고 싶은 이야기'에 그녀와의 동행도 살포시 얹고 싶다.

그녀가 내어준 것은 방 뿐만이 아니었다

- 서로의 하루를 채우던

퇴사 기념으로 다시 여행할 궁리를 하고 있었다. 나는 너무도 당연하게 지난 3년간 너무도 그리워하던 모로코로 다시 향할 준비를 했다. 모로코에 사귀어 놓은 친구들 몇 명에게 연락을 했다. 당장 창문을 열면 그리워하던 모로코가 눈앞에 펼쳐질 것만 같이 설렜다.

나는 카사블랑카 인아웃 항공권을 구매했다. 커다란 도시인 카사블랑카, 내게는 친구 매지드와 그의 가족들로 더 크게 기억에 남은 곳이기도 하다. 매지드는 나의 연락을 받고는 내게 그의 고모인 말리카의 이야기를 꺼냈다. 그에겐 고모이지만 나에겐 고작 여덟 살 위였다. 언니 뻘이었다. 말리카가 혼자 살고 있으니 나만 괜찮다면 지내고 싶은 만큼 지내도 된다고 했고, 숙소를 구하지 못한 나는 흔쾌히 응했다. 매지드는 그녀와 내가 아마 잘 맞을 거라고 덧붙였다.

내가 말리카의 집에 도착했을 때, 시간은 어느덧 자정에 가까웠다. 카사블랑카 공항까지 매지드와 함께 나를 마중 나온 말리카는 늦은 시간임에도 나를 위해 이것저것 챙겨주기 바빴다. 먼저 먹을 걸 잔뜩 챙겨주고는, 이어서 입을 것을 내어주었다. 그리곤 내가 잘 방에 침구류와 난방기를 꺼내주고, 그다음에는 세면도구들을 하나하나 설명해주었다.

생전 처음 보는 외국인 손님을 맞이하고는 잔뜩 들뜬 그녀였다. 그녀의 긍정적인 에너지에 나는 장거리 비행의 피곤함도 잊었다.

내가 잘 방은 상당히 작았다. 모로코의 가정집에서 대부분 가장 큰 면적을 차지하는 살롱의 4분의 1쯤 되는 공간을 옷장으로 나누어 두었는데, 그중 작은 공간이 내가 지낼 방이었다. 살롱에 따로 문이 없었기에, 그 작은 방 또한 문이 없었다. 창문은 없었고 흐린 조명 하나가 켜져 있었다. 오랫동안 옷장 속에 있던 이불이 옷장 밖으로 나왔고, 그 빈 공간에 내 옷들이 걸렸다. 오랫동안 잠들어 있던 난방 기구가 요란한 소리를 내며 돌아갔다. 따뜻한 활기였다.

아침이면 그녀가 정성스레 아침 식사를 준비해주었다. 네 개의 컵에 각각 커피, 블랙티, 민트 티, 오렌지 주스를 담아주었고, 오믈렛에는 매번 다른 재료를 넣어주었다. 나는 그녀가 차려준 아침식사가 5성급 호텔 부럽지 않다며 고마워했다. 그녀는 손사래를 치며 힘들 건 아무것도 없다고 했다.

말리카의 집에서 두 번째 날 아침이었다. 그날은 우리의 아침 식사 시간이 생각보다 길었다. 그녀의 휴대폰에 저장된 사진들을 구경했기 때문이다. 그녀의 휴대폰 갤러리에는 대부분 딸아이와의 사진이 있었다. 그녀의 딸은 그녀의 전남편과 모로코의 수도인 라바트에 살고 있다고 했다. 그녀는 사진마다 설명을 곁들여주었다. 주로 그곳이 어디인지, 언제인지, 왜 이런 표정을 지었는지에 대한 설명이었다.

그러다 가장 최근 딸과 함께 나들이를 다녀온 사진을 보게 되었다. 두 사람이 함께 독수리를 보러 카사블랑카의 외곽에 있는 한 동물원에 갔을 때였다. 그 사진을 보여줄 때 그녀의 목소리 톤은 한층 높아졌다.

"시간이 있으면 같이 보러 가면 참 좋을 텐데…!"

나는 시간 계산을 해봤다. 다음 일정까지 몇 시간의 여유가 있었다.

"지금 같이 가요, 우리!"

그녀의 얼굴이 미소로 번졌다. 반년 전 딸과 함께 찍은 사진 속 그녀의 미소였다. 나도 덩달아 미소 지었다.

우리는 트램을 타고 1시간 가까이 이동했다. 트램을 타고 이동하는 시민들의 표정, 그리고 트램 창밖 도시의 풍경을 두 눈으로 열심히 좇았다. 간간히 그녀는 나에게 우리가 지나는 동네에 대해 알려주기도 하고, 창밖으로 재미난 광경이 보이면 손짓을 하기도 했다.

트램을 한 번 갈아탈 때, 그녀는 행여나 내가 그녀를 놓치기라도 할까봐 나를 곁에 꼭 둔 채 걸었다. 나에게 핸드폰을 잘 챙기라고 신신당부도 여러 번 했다.

혼자 하는 여행에서 으레 당연하게 스스로 챙기는 것들이었지만, 그녀가 나를 세심하게 챙겨주고 있다는 게 참 든든했다. 갈아탄 두 번째 트램에는 승객이 많지 않았다. 창밖으로 쭉 뻗은 바다와 길가에 곧게 자란 야자수들이 듬성듬성 보였다. 그 길을 따라 한참 달린 후에야 동물원에 도착했다.

우리는 곧장 독수리 우리로 향했다. 동물원의 독수리 우리에는 4마리의 독수리가 있었다. 그녀가 보여준 사진 속 독수리들이었다. 그녀는 반갑다는 듯 독수리들을 향해 손을 흔들고는 사진을 찍기 시작했다. 이어서 사진으로는 성에 차지 않는지 영상도 찍기 시작했다. 그녀가 찍은 영상 속에는 나의 모습도 함께 담겼다. 독수리가 날개를 펼치자 당황하는 모습, 혹은 독수리들에게 말을 거는 나의 모습, 독수리가 앞발로 먹이를 잡고 열심히 뜯는 모습을 눈을 떼지 못하고 바라보는 모습까지.

나는 나대로 독수리와 말리카의 모습을 담았다. 한 장면이라도 놓칠까 계속해서 휴대폰을 손에 들고 있는 모습, 우리 앞에 바싹 붙어서 독수리의 일거수일투족을 세심히 관찰하는 모습, 그러다가 나를 향해 포즈를 취하는 모습까지. 나의 렌즈에 담긴 그녀의 미소는 카사블랑카 늦가을의 따뜻한 햇살을 닮아있었다.

우리는 그렇게 그 순간을 할 수 있는 만큼 남겼다. 그녀의 휴대폰 갤러리에, 또 나의 카메라에 추억할 거리들이 잔뜩 채워졌다.

그 뒤로도 우리는 함께 시간을 많이 보냈다. 카사블랑카에서 가장 큰 쇼핑몰을 구경가기도 하고, 일몰을 볼 수 있는 커다란 통유리창이 있는 카페에서 예쁜 색이 우러난 차를 나눠 마시기도 했다. 카사블랑카의 여러 골목들을 함께 걷기도 하고, 그녀의 가족들 집도 함께 방문했다. 따뜻한 가을 햇살이 내리쬐는 해변가를 가기도 했다.

함께 다닌 모든 곳에서 우리는 서로에게 여러 장의 사진으로 남았다. 서로를 각자의 프레임에 담기도 하고, 함께 한 프레임에 들어간 채 한껏 웃기도 했다. 카사블랑카의 내가 그렇게 그녀 핸드폰의 앨범에 가득 저

장되었다.

　얼마 후, 카사블랑카에서 에사우이라로 향하는 날 아침이 되었다. 그녀
가 차려주는 아침식사는 그날도 푸짐했다. 그녀는 내가 떠나는 것을 아

쉬워했고, 나도 마찬가지였다. 말리카는 나와 아직 함께 하지 못한 것들을 이야기했다. 그것들은 내가 한국으로 돌아가기 전 다시 카사블랑카에 돌아왔을 때 하기로 했다.

뿐만 아니라 우리는 함께 마라케시에서 만날 계획을 세우기도 했다. 그 계획만으로도 우리는 벌써 하루 세끼를 다 먹은 것처럼 배가 불렀다. 우리는 크게 포옹을 하고는 곧 다시 만날 것을 약속했다.

나는 에사우이라로 향하는 버스에 올라탔다. 잠을 자다 깨다 하며, 고속도로가 아직 깔리지 않아 속도를 많이 내지 못하는 버스의 창 밖을 무심히 쳐다보고 있었다.

카사블랑카에서 말리카와 보낸 며칠의 여운이 진하게 느껴졌다. 나는 창 밖의 풍경을 찍어 그녀에게 보내주었다. 그녀는 그에 대한 답장으로 여러 장의 사진을 보내주었다. 나와 함께 독수리를 보러 갔을 때 찍었던 영상을 여러 번에 걸쳐 캡처한 사진들이었다.

커다란 독수리가 날갯짓을 하는 모습, 그런 모습을 보고 놀라는 나의 표정과 몸짓, 그런 나의 뒤로 비치는 눈부신 햇살, 또 다른 독수리가 오른쪽 발로 먹이를 잡고 뜯어먹는 모습, 그 장면을 사진으로 남기는 나, 그런 나의 머리 위로 쏟아지는 하얗고 투명한 햇살.

나는 그녀가 보내준 사진을 보고 또 봤다. 요란한 소리로 내 작은 방을 데우던 난방기처럼 마음이 따뜻하게 차올랐다. 그녀의 집을 나서는 나에게 보내주던 그녀의 눈빛이 다시금 선명해졌다. 그녀의 따스한 눈빛은 나의 여행길을 함께 했다.

카미노의 알베르게는 모두 바그다드 카페였다

- 그렇게 길 위에서 만난 사람들은 서로에게 진한 그리움으로 남는다.

영화 〈바그다드 카페 Bagdad Cafe〉의 '바그다드 카페'에는 사람들이 하나둘씩 모여든다. 원래 그곳을 지키던 사람도 있고 그곳을 자주 지나다니던 사람도 있고 다른 곳에서 흘러 들어온 사람도 있다.

몰랐던 사람들이 모여들면 벽은 허물어진다. 서로가 마음을 열고 서로의 이름을 부른다. 서로에게 영향을 주고 서로를 변화시키기도 한다. 전에 없던 표정을 서로에게 만들어주고 서로에게 곁을 내어준다. 서로에게 진한 그리움을 심어주고, 그것은 모두에게 뿌리내려 애틋해진다. 그리움의 꽃이 만개할 때마다 그 향에 이끌려 서로를 다시 만나기를 고대한다. 간절히 원하던 만남이 이루어지기도 한다.

프랑스의 생장 피에드 포드(Saint-Jean-Pied-de-Port)부터 스페인의 산티아고(Santiago)를 지나 세상의 끝 피니스테레(Finisterre)까지 900km에 이르는 순례길을 걸었다. 45일 동안 걸으며 순례자 전용 숙소인 알베르게(Alberge)에서 잠을 잤다. 커다란 방안에 빼곡히 들어찬 2층 침대 중 하나를 골라잡고선 누가 더 크게 코를 고는지 경쟁하는 밤을 보내기도 했다. 어떤 날은 단 10개의 싱글 침대만 있는 알베르게를 3명이서 쓰기도 했다. 어떤 알베르게에서는 잠금장치 하나 없이 커튼 하나에 의지한 채 옷을 벗고는 남녀 공용 샤워실을 쓰기도 했다.

각자 몫의 걸음을 걷고 난 후 알베르게에 도착하면 땀이 차거나 비가 들어찬 신발을 말려 놓기 바빴고, 서로 다친 곳은 없는지 확인하며 서로가 가진 의약품을 건네줬다. 물집에 대해 서로 아는 것을 늘어놓다가도, 주고받는 와인 한 잔에 걱정할 것은 아무것도 없어졌다.

각자 잘하는 음식을 서로에게 만들어주기도 했고, 밥을 먹기에 앞서 바나 카페에 자리 잡고 앉아 시원한 맥주를 들이켜기도 했다. 지도를 보며 내일의 일정을 짜는 이들도 있고, 오늘 본 것들을 잊을까 일기장에 적기 바쁜 이들도 있고, 해가 지는 쪽을 향해 자리 잡고 하루가 조용히 막을 내리는 모습을 보는 이들도 있었다.

카미노 데 산티아고(Camino de Santiago)의 알베르게에는 배낭을 메고 길을 걷는 순례자들이 하나둘씩 모여든다. 서로 길을 시작한 날이 다르고, 아침에 출발한 마을이 다르다. 각자가 그 날 걸은 몫이 다르고 보아온 풍경이 다르다. 그럼에도 하나의 알베르게에서 하룻밤을 같이 보내는 사람들. 처음 만나는 사람들도 있고, 꽤나 여러 차례 마주치는 얼굴들도 있다. 그 처음이 이내 마지막이 되는 인연도 있고, 맘이 맞아서 건 그렇지 않건 계속해서 자주 보게 되는 인연도 있다.

그렇게 몰랐던 사람들이 한데 모인다. 한데 모여 각자가 가진 벽이 허물어지는 것을 본다. 길 위에서 건넨 수많은 '부엔 카미노(Buen Camino: 좋은 여행 되세요)'로 이미 딱딱한 성질을 잃은 벽이기에 알베르게에 도착함에 동시에 긴장이 많이 풀려있는 벽이다. 웃음 가득 핀 얼굴에, 누군가가 부르는 따뜻한 노래에, 생각지도 못한 양보와 배려에 스르르 흔적도 없이 벽이 무너진다.

그렇게 마음을 내비치고 서로의 이름을 외우기 시작한다. 여러 가지의 악센트로 여러 언어의 이름이 알베르게를 가득 채운다. 서로의 이야기를 나누고 서로의 속도를 변화시키기도 한다. 함께 많은 것을 보고자 속도를 늦추는 사람들, 이미 많은 길을 걸어와 느려질 대로 느려진 이를 위해 함께 속도를 늦추는 사람들, 길의 풍경보다 아름다운 서로의 표정에 그렇게 길 위에서 만난 사람들은 서로에게 진한 그리움으로 남는다. 설레어 서로의 곁을 메꾸느라 속도를 늦추는 사람들이다.

그렇게 길 위에서 만난 사람들은 서로에게 진한 그리움으로 남는다. 그리움 말고 무슨 단어를 더 쓸 수 있을까. 오직 그때, 그곳이 아니면 가질 수 없는 형태의 무언가를 찌릿하게 가져본 사람들끼리 나눈 눈빛, 이야기, 그리고 마음. 그 모든 것은 그때, 그곳이기에 존재할 수 있었던 것임을 알기에 그리움은 계속해서 짙어져만 간다. 서로의 가슴에 남겨져 언제든 그때를 생각할 때마다 서로의 가슴속에서 크게 만개할 그리움의 씨앗이 된다.

계절의 변화가 길 곳곳에 피어오르고, 길 위에는 하루를 마칠 때에 맞춰 바그다드 카페가 나타났다. 우리는 그곳에서 만나 서로에게 인연이 되었고, 그 작은 관계가 만들어낸 커다란 우산은 비를 막아주고 바람을

견디게 해 주었다. 우리는 다시 길을 나설 때마다 서로가 조금 더 따뜻한 길을 걸을 수 있도록 온 마음을 다해 축복했다.

그렇게 우리는 카미노 길 위의 알베르게에서 만나 바그다드 카페에서 헤어졌다.

포르토에서 헤어지며

- 그곳에 단단히 묻어둔

사십오일에 이르는 스페인 순례길을 걷고 나서 나는 포르투갈로 넘어갔다. 혼자 시작했지만 혼자였던 적이 하루도 없었던 카미노, 길을 마치고 국경을 넘을 때에도 나는 혼자가 아니었다. 내 곁에는 레오와 나탈리아가 함께였다.

레오는 길 위에서 다른 친구들과 함께 무리를 지어 자주 놀았던 친구였다. 길 위에서 몇 번이나 헤어지고 다시 만나기를 반복했다가 세상의 끝이라 불리는 피니스테레에서 재회했다. 나탈리아는 레오와 함께 도착했다.

우리 셋은 그 길이 끝났다는 게 믿기지 않아 묵시아(Muxia)에서도 시간을 보내고, 결국엔 헤어지기 싫어 함께 포르투갈로 넘어가기로 했다.

스페인을 떠나며 우리는 엉엉 울었다. 우리가 걸었던 900km가 비로소 끝이 난 것이 실감 났기 때문일까. 나탈리아가 먼저 눈시울을 붉혔다. 나도 그녀를 따라 울기 시작했다. 우리는 어느덧 서로에게 기댄 채 울고 있었다. 그런 우리를 안아주며 레오도 울었다. 우리는 달리는 버스 안에서 그렇게 한참 동안 눈물을 흘렸다. 길이 끝난 게 너무 슬프고 아쉬워서는 아니었다. 그러기에 우린 많이 지쳐있었다. 다만 그간 걸었던 길 위의 시간이 얼마나 소중한 순간이었는지 더욱 선명하게 깨달았기 때문이다. 우리는 우느라 국경을 넘은지도 몰랐다.

포르토(Porto)에서 우리는 한 게스트하우스에 입실했다. 여러 명이서 우르르 자던 카미노의 알베르게에 너무나 익숙해진 탓에, 우리는 우리만 쓸 수 있는 4인실 도미토리를 배정받고는 조금은 어색해했다. 우리만의 방이 생겼다는 사실이, 숙소에 대문을 잠그는 시간도 없다는 것이, 침낭을 펼치지 않아도 된다는 것이 마냥 좋으면서도 정말 그래도 되나 싶었던 거다.

걸을 때 입던 옷 대신 우리는 '나름' 평상복을 챙겨 입었다. 오랜만에 입는 청바지에 두 다리를 집어넣자 상당히 불편했다. 등산화 대신 스니커즈를 신는데 무언가 큰 규칙을 어기는 것 같았다. 우리는 각자 침대 위에 배낭을 휙 던져 놓았다. 더 이상 무거운 배낭을 메고 걷지 않아도 된다는 사실이 거짓말처럼 느껴졌다.

스페인의 갈리시아 지방에선 눈 때문에 길이 막히기도 했던 11월. 포르토는 상당히 따뜻했다. 모든 것이 눈부셨다. 버스에서 흘린 눈물조차도 모두 마를 정도로 햇빛이 골고루 퍼졌다.

우리는 이틀 동안 포르토를 열심히도 누비고 마셨다. 걷는 내내 매일같이 마셨던 술인데 길이 끝났다고 술마저 마시지 않을 수는 없었다. 게다가 포르토 와인이 우리를 기다리고 있으니 말이다. 우리는 한낮의 날씨가 너무 좋으니까, 도우루 강의 일몰을 보면서 목을 축여야 하니까, 또 밤을 그냥 보낼 순 없으니까 계속해서 마시고 놀았다. 포르토 와인 투어를 가기도 하고, 술에 취해 밤의 강가에서 실컷 뛰기도 했다.

포르토는 하나의 도시이기 이전에 우리의 축제였다. 포르토에서의 이박 삼일이 마치 카미노를 끝낸 축제라도 되듯이 우리는 그곳에서 우리에게 남아있는 흥을 잔뜩 가져다 썼다. 우리는 그렇게 남들에겐 소문나지 않은 우리만의 페스티벌에 잔뜩 취해 있었다.

숙소에서 우리는 기절하듯 잠이 들었고, 카미노 길 위에서처럼 신나게 코를 골았다. 그리곤 누가 먼저랄 것도 없이 잠에서 깨서는 서로의 모습을 보며 크게 웃었다. 우리는 한참을 그렇게 웃다가 문득 이별의 순간이 코앞으로 왔음을 느꼈다. 할 수 있는 한 미루고만 싶은 이별이었다.

우리는 느린 동작으로 짐을 쌌다. 짐을 싸면서 벌써 울먹거리고 있었다. 숙취로 머리가 많이 어지러웠지만, 지금은 그게 중요한 것이 아니었다. 한 시간 뒤면, 친구들과 헤어지고 혼자가 될 터였다. 절대 상상하고 싶지 않은 한 시간 뒤였다.

우리는 카페에 들러 커피라도 한잔 하고 싶었지만, 생각보다 늦게 일어나버린 탓에 그럴 시간이 없었다. 레오와 나탈리아는 비행기를 타러 공항으로 가야 했다. 나는 포르투갈을 계속해서 여행하기 위해 아베이로(Aveiro)로 향하는 기차를 타는 여정을 앞두고 있었다.

그들은 기차역까지 나와 함께 걸었다. 공항까지의 시간을 계산하느라 마음은 서두르고 있었지만, 우리의 발걸음은 왠지 자꾸만 느려졌다. 배낭을 메고 셋이서 나란히 걷고 있으니 다시 길 위에 선 것 같은 착각마 저 드는 듯했다.

기차역은 너무나 가까웠다. 우리는 기차역 앞에서 여러 번에 걸쳐 작별 인사를 나눴다. 하지만 발은 도통 떨어지지 않아 '진짜로' 헤어지는 데에 는 시간이 더 필요했다.

결국, 우리는 또 울음을 터트리고 말았다. 셋 다 눈가에 눈물이 그렁그 렁 맺혀서는 문장을 제대로 끝내지 못한 채 주절거리고 있었다. 커다란 배낭을 멘 행색이 조금은 초라한 여행자 셋이 기차역 앞에서 그렇게 오 랜 작별인사를 주고받고 있었다.

원래 혼자 시작했던 여행길에서 다시 혼자가 되는 것뿐인데도 그때 는 참 서럽게도 울었다. 우리는 몇 차례 더 서로를 안고 놓고 다시 안다 가 헤어졌다.

헤어지고 나서도 참 여러 번 뒤를 돌아보았다. 서로 먼저 가라고, 비행 기 놓치겠다며, 기차 놓치겠다며, 꼭 또 보자며, 건강하라며 서로가 보이 지 않을 때까지 말했다.

그때의 긴 여행이 끝나고 3개월 뒤, 나는 프랑스로 떠났다. 투어가이드 라는 외노자가 되어 그곳에서의 (언제 끝날지 모를) 삶을 꾸려나가기 위 함이었다. 당시 독일에 살고 있던 레오와 나탈리아는 내가 파리에 있는 동안 한 번씩 파리에 왔다. 파리에서 재회한 우리는 역시나 서로를 끌어 안으며 반가워했고, 떠날 때도 서로를 끌어안으며 아쉬워했다.

하지만 우리는 더 이상 포르토에서 헤어질 때처럼 슬퍼하지는 않았다.

그때의 뜨거웠던 감정은 포르토에 단단히 묻어둔 게 분명했다. 다만 우리는 그때를 함께 추억하고, 이야기 나누었다. 함께 추억하는 것만으로도 다시 포르토를 여행하는 것만 같았다. 함께 떠올릴 수 있는 뜨거운 순간이 있다는 건 참으로 든든한 일이었다.

포르토는 나에게 언제까지고 레오와 나탈리아와 함께 한 곳으로 기억될 것이다.

제3장

어쩌다
머물게 되었더라도

정말 아무것도 모른 채 떠났더니

- 그렇다고 그 순간을 즐기지 못할 이유는 없었다.

45일간 스페인의 카미노 데 산티아고를 걷고 포르투갈에서 열흘의 시간을 보냈다. 그 후에 내가 탄 비행기가 향한 곳은 한국이 아닌 태국이었다. 사실 그렇게 할 수밖에 없었던 이유가 있었다.

카미노 길을 걷기 위해 다니던 회사를 관뒀다. 시간이 참 많았다. 수중에 돈이 허락하는 한 최대한 여행하고 싶었다. 나는 일단 태국으로 향했다. (그때도 지금도) 일본에 살고 있는 친구와 태국에서 만나기로 한 것이다. 우리는 코사멧에서 며칠간의 시간을 보낸 후 방콕 공항에서 헤어졌다.

친구는 다시 도쿄로, 나는 파리로 향하는 비행기였다. 그런데 나에게 문제가 있었다. 체크인을 하는데, 나에게 리턴 티켓의 여부를 물어본 것이다. 당시 나는 유럽에 처음 가는 길이었고, 그저 90일간 무비자로 유럽에 머물 수 있다는 것 말고는 사실 아는 게 별로 없었다.

"편도 티켓만 있으면 입국 못해요. 비행기는 탈 수 있어도, 입국이 막힐 수 있어요."

심장이 두근두근 댔다. 짓지도 않은 죄를 지은 느낌이 들었다. 수하물로 부치려 내려놓은 내 배낭에 들어있는 온갖 카미노 준비물들이 아우성을 쳤다. 어떻게 해야 하냐고 물어보는 내게 직원은 유럽에서 출발하는 비행기 표를 지금 예약하라고 했다. 난 짧은 시간 머리를 굴렸다.

"다시 태국으로 돌아오는 건 괜찮겠죠?"

직원이 그제야 미소를 지어 보였다.

그렇게 다시 약 두 달 만에 방콕으로 돌아오게 되었다. 하지만 방콕에 마냥 있고 싶지는 않았다. 나는 그저 아무렇게나 지도에서 맘에 드는 곳을 찍었다. 남쪽보다는 북쪽으로, 한 번도 들어보지 못한 곳으로 가고 싶었다. 그곳은 방콕에서 600km 떨어져 있는 치앙 칸(Chiang Khan)이었다. 라오스와 메콩강을 사이에 두고 국경을 맞대고 있는 곳이었다.

10시간 동안 버스를 타고 이동했다. 밤 버스였고, 치앙 칸에 도착했을 때는 아침이었다. 온몸이 찌뿌둥했고, 어디든 드러누워 편하게 잠을 좀 더 자고 싶었다. 그전에 일단 좀 씻고.

하지만 나의 그 바람은 쉽게 이루어지지 않았다. 그 이유는 시간이 일러서 체크인할 수 없기 때문이 아니었다. 그 이유는, 그때가 태국의 공휴일 연휴였기 때문이다. 그것도 국왕 푸미폰의 탄신일. 국왕 탄생일과 이어지는 주말 연휴를 맞이하여 대부분 숙소들의 예약이 (오래전부터) 다 찼다는 게 그 이유였다. 치앙 칸은 게다가, 외국인들이 아닌 현지인들에게 훨씬 유명한 휴양지였다. 난 정말 아무것도 모른 채 갔던 것이다.

나는 숙박업소라고 간판을 달고 있는 곳들을 계속해서 들어갔지만, 허

탕만 치고 나오기 일쑤였다. 어느덧 상쾌했던 아침 공기는 뜨거운 태양의 열기로 가득 덮여 있었다.

카미노 짐이 고스란히 들어있는 배낭도 무거웠고, 무엇보다도 너무 졸렸다. 게다가 내가 생각해도 나에게 불쾌한 냄새가 나는 것만 같았다. 얼굴엔 개기름이 한가득이었고, 양치는 전날 방콕 숙소에서 체크아웃을 하며 한 게 마지막이었다.

기대에 차서 들어갔다가, 방이 없다는 말에 터덜 터덜 나오기를 몇 차례, 어느덧 시간은 정오를 가리키고 있었다. 나는 막 문을 연 어느 레스토랑으로 들어갔다. 메콩강 바로 옆에 자리한 식당이었다. 자리를 잡고 앉으니 강바람이 살살 불어와 땀이 맺힌 이마를 식혀주었다. 붉게 달아오른 얼굴도 조금은 열이 가라앉는 느낌이었다.

나는 다짜고짜 맥주를 주문했다. 오늘 당장 잘 곳을 못 구하더라도 그 순간을 즐기지 못할 이유는 없었다. 맥주를 받자마자 꿀꺽꿀꺽 들이켰다. 목 넘김이 좋았다. 역시 태국 맥주는 태국에서 먹어야 제맛이지, 라고 홀로 감탄에 감탄을 거듭하며 마셨다. 바로 어제도 마셨으면서.

맥주와 식사로 배를 든든하게 채우고는 식당 화장실에서 양치질까지 했다. 입안이라도 개운하니 그나마 아주 조금은 상쾌한 기분이 들었다. 다시 숙소를 찾는 하이에나가 되어야 하는데, 바깥은 너무 뜨거워 보였다. 쉽사리 나갈 용기가 나지 않았다.

그렇게 머뭇거리고 있을 때, 한 한국인 여행자를 만났다. 우리는 서로 단번에 같은 민족임을 알아보았다. 그리고 서로를 향해 물어보았다.

"방 구하셨어요?!"

나처럼 방을 구하지 못한 여행자가 있다니, 그것도 같은 한국인이라니. 역시 고통은 나눌 때 반이 된다고 했던가. 그렇다고 함께 머리를 맞대고 해결할 수 있는 문제는 아니지만 말이다. 우리는 함께 커피 한잔을 하며 이런저런 얘기를 나누었다. 정말 하기 싫은, 답을 낼 수 없는 숙제를 앞두고 그저 '할 시간'을 미루는 것만 같은 기분이었다.

"방 못 구한 현지인들은 텐트도 치고 잔데요."

그가 말했다. 내 눈이 휘둥그레졌다. 가방 안에 든 침낭이 떠올랐다. 어쩌면 난 캠핑에 완벽하게 준비된 여행자일지도 모르겠다고 생각했다. 그가 이어서 말했다.

"메콩 강변에서요. 어휴, 그런데 난 모기 때문에 걱정되어서 차마 못하겠더라고요."

아, 모기. 차마 생각도 못했다. 침낭 안에 모기와 함께 잠든 나를 상상했다. 끔찍했다.

우리는 그 뒤로 함께 숙소를 구하며 돌아다녔다. 방이 있는 숙소는 정말 텐트에서 모기에 물려가며 자는 게 낫겠다 싶을 정도로 허름한 방들이었다. 도저히 발 뻗고 잘 수 없을 것 같은 방이거나, 창문이 뻥 뚫려 있는 방이거나, 방 불이 희미해 그 안에 무슨 벌레들이 기어 다니고 있을지 알 수 없는 방이거나.

다시 방 많은 방콕으로 돌아가야 하나, 밤 버스를 타고 가면 그래도 하루 숙소 걱정은 필요 없을 테니, 하는 마음에 버스 시간표도 알아보았다. 그런데, 정말이지 이미 체력이 바닥난 것이 느껴졌다.

정말 더 이상 움직일 힘도 없다고 느껴질 때, 우연히 한 방을 소개받았다. 정식 숙소로 등록된 숙박 업체는 아니었다. 아무래도 수요가 너무 많은 시기이다 보니, 오늘 하루 남는 방에 손님이나 받아 볼까 하는 현지인의 집이었다.

방 안은 어둡고 침침했다. 하지만, 방 안에 화장실도 딸려 있고, 모기장도 쳐 있었다. 천장은 낮고, 방은 좁아 답답했지만 그래도 연휴 기간 동안에는 자기에 충분했다. 나는 흔쾌히 그 방을 선택했다. 함께 방을 구하려 다녔던 그도 다른 현지인 방을 소개받았다. 난 비로소 씻을 수 있었다.

아주 열심히 씻고 난 후, 메콩강변으로 나갔다. 늦은 오후의 거리는 어느덧 축제 분위기가 가득했다. 태국 여기저기에서 치앙 칸으로 연휴를 보내러 온 현지인들의 밝은 분위기에 나도 금방 휩싸였다. 팬케이크와 꼬치류를 사다가 맥주와 함께 마셨다. 메콩 강변에 자리를 잡고, 부드러운 강바람을 맞으면서.

오늘 당장 잘 곳도 구했겠다, 다들 신난 사람들만 있겠다, 먹을 것과 마실 것이 넘쳐나니, 그 무엇도 고민할 게 없었다. 마음이 그보다 가볍고 편안해질 수 없었다. 노을빛에 천천히 물들어가는 메콩강변을 오래 바라보았다. 넘실거리며 흐르는 강물을 가득 담고 있으니, 치앙 칸이 참 좋아졌다.

즐길 날이 충분히 남아 있었다. 주머니 사정이 곧 한국으로 돌아가야 할 시간이라고 말해주고 있었지만, 그렇다고 벌써부터 걱정할 필요는 없었다. 맥주는 여전히 꿀맛이고, 나는 두 다리를 쭉 뻗고 꿀잠을 잘 테니까.

그것들의 탈출

- 그것도 대탈출

골목길 사이로 바다가 힐끔 보였다. 파도가 일으키는 하얀 포말이 넘실대고 있었다. 기분이 좋아졌다. 마라케쉬(Marrakech)에서 아가디르(Adagir)까지 버스, 다시 아가디르에서 타하주트(Taghazout)까지 택시를 타고 넘어오며 한껏 구기고 있던 미간의 주름도 펴졌다. 골목은 오르막길로 이어졌다. 그 후에 계단을 몇 차례 오르고 나니 목적지에 도착했다. 내가 타하주트에서 보낼 숙소였다.

당시 타하주트의 숙소는 정말 비싸거나 정말 쌌다. 그 사이에서 고민하던 와중 현지인 집을 하나 소개받았다. 에사우이라에서도 일주일을 보냈던 현지인 아파트를 소개해 준 친구여서 믿고 선택했다.

세 밤 정도 머물 생각을 하고 미리 돈을 지불하려는데, 지낼 만큼 지내고 계산해도 괜찮다는 대답을 들었다. 그때는 몰랐다. 미리 돈을 내지 않은 것이 타하주트 여행 중 가장 잘한 일이었다는 것을.

타하주트는 작은 어촌 마을이다. 외국인 여행자들에게 크게 각광을 받기보단 현지인들이 휴가지로 많이 선택하는 곳이다. 그리고 누구보다도 서퍼들이 사랑하는 곳이다.

나는 파도 소리에 설레 하며 서둘러 문을 따고 들어갔다. 방 안은 어두컴컴했다. 어디 동굴이라도 들어가는 것 같았다. 문을 닫자 집 안을 살짝 비추던 바깥의 햇빛이 감쪽같이 사라졌다. 작은 창 하나가 있었지만, 창밖으로는 바싹 붙어있는 옆 건물의 벽 일부가 보일 뿐이었다. 게다가 완벽한 북향이었다.

마음에 드는 구석이 하나도 없었다. 벽을 더듬거리며 불을 켰지만, 조명도 침침했다. 그 집은 그런 집이었다. 짐을 풀어놓기도 괜스레 찝찝한, 소파에 엉덩이를 대고 앉긴 앉지만 힘을 쭉 빼고 늘어질 수는 없는, 저 베개에 얼굴을 대고 잘 수 있을까 싶은, 그런 집이었다.

집에 있기보단 아무래도 밖으로 나가야 했다. 마라케쉬에서 오는 내내 가지 못했던 화장실이나 들렀다 가야지 싶었다.

하지만, 웬걸. 화장실에 들어가자마자 기겁을 하고 바로 뛰쳐나왔다. 바퀴벌레 한 마리를 보았기 때문이다. 봐도 봐도 적응이 안 되는 게 있다면 바퀴벌레가 아닐까. 다시 미간에 힘을 꽉 주었다. 다행히도 집 안에 바퀴벌레 전용 스프레이가 있었다. 잽싸게 집어 들고 화장실 안에 마구 뿌려 대었다. 그것이 도망간 쪽으로, 그리고 또 있을지 모르니 구석구석에 살살이 스프레이를 뿌렸다. 그리고 화장실 문을 꼭 닫고는 소파 끄트머리에 어색하게 앉아서 그것이 죽기를 기다렸다. 그래야 볼일을 볼 수 있을 것 같았다.

그런데 얼마 뒤, 나는 끔찍한 경험을 하게 되었다. 태어나서 처음 봤고, 앞으로도 절대 보고 싶지 않은 그런 광경. 영화 속 한 장면이기를 바랐고, 영화 속 장면이어도 눈을 질끈 감고 싶은 그런 장면. 손 닿으면 뻗을 거리에서 일어나고 있는 일이라고 믿고 싶지 않은 장면이 잔인하게 내 앞에서 버젓이 일어났다.

그것들이 화장실 문틈 사이로 기어 나오고 있었다. 커다랬고, 통통했다. 대가족도 그런 대가족이 있을 수 없었다. 우르르 몰려나온 그것들은 스프레이 비상사태를 맞아 다 같이 탈출을 시도하고 있었다. '고작 스프레이 따위로 우리를 해칠 수 있을 거라 생각했어?'라고 재잘거리면서.

차라리 스프레이를 뿌리지 않았다면 그 꼴은 보지 않았을까. 화장실 문 왼쪽으로 이어지는 벽을 따라, 문 오른쪽으로 이어지는 부엌의 틈새를 찾아, 참 빠르게, 열심히도 움직였다.

온몸에 닭살이 돋다 못해 터질 지경이었다. 머리카락까지 쭈뼛 서는 기분이었다. 손에 스프레이를 계속해서 쥐고 있지만, 더 이상 뿌리지도 못했다. 뿌린다 한들 소용도 없을 것 같았다. 그렇다고 스프레이를 포기하고 내려놓지도 못했다. 움직이는 순간 단체로 나를 공격하지 않을까 진심으로 무서웠다.

나는 소리를 지르지도 못하고, 입을 다물지도 못했다. 소파에서 일어난 것도 아닌, 앉은 것도 아닌 엉거주춤한 자세로 그렇게 거기 있었다. 화장실에 가야겠다는 생각은 어느덧 사라졌다.

그날 저녁은 바닷가에서 보냈다. 그들이 바닷가까지 나를 따라 올 리가 없지만, 어둠 속에서 행여나 뭐라도 밟을까 두려워 바닥에 시선을 콕 박고 있었다.

해변에서 만난 이들과 술을 마셨다. 그날은 취하지 않으면 도저히 집에 들어갈 용기가 나지 않았다. 사실 모로코는 이슬람 국가이기 때문에 공공장소에서 음주 행위를 법으로써 금하고 있다. 하지만 타하주트의 작은 해변에서 그러고 있는다고 한들 그날 숙소에서 격은 일보다 더한 일이 일어날 것 같지는 않았다. 나는 머리를 세차게 흔들며 그 장면을 날려 버리려 애썼다. 효과는 하나도 없었지만.

내일 옮길 숙소는 구했지만, 당장 오늘은 어쩔 수 없었다. 아무리 9월 모로코의 날씨가 끝내주게 좋다지만 그렇다고 해변 위의 어느 쪽배에서 잘 수도 없는 노릇이었다.

집으로 돌아가는 길, 다시 닭살이 돋기 시작했다. 술기운으로 용기를 내서 화장실에 들어갔다. 대충 씻고, 조마조마해하며 볼일을 보았다. 그리곤 인상을 잔뜩 구기며 마지못해 침대에 누웠다. 걱정했던 것과는 달리 다행히도 잠이 금방 들었다.

다음 날, 날이 밝자마자 나는 서둘러 그 집을 빠져나왔다. 그들의 대 행렬 이후로 그들을 다시 보지는 못했지만, 그럴수록 내 상상력은 극에 달했다. 그 집 화장실에서 양치도 세수도 하고 싶지 않았다. 나는 컴컴한 집에서 재빨리 탈출하였다. 바깥은 따사로웠다.

타하주트에서의 두 번째 숙소는 두 배로 비쌌다. 하지만 돈이 문제가 아니었다. 바퀴벌레 소굴을 소개해준 친구에게 고래고래 따졌다가 급히 찾아준 집이었다. 모로코 전통 주거 양식보다는 현대적 양식에 가까웠다. 깔끔하고 또 깔끔했다. 향기롭기까지 했다. 전체적으로 흰색과 붉은 색이 잘 어우러지는 그 집은 완벽한 남향이었다.

마음 놓고 내 물건을 어디에 두어도 괜찮을 것 같고, 소파에 누워도 침대에 누워도 찝찝하지 않았다. 내친김에 바닥에도 누워 보았다. 누운 채로 새 숙소의 깨끗하고 하얀 벽과 천장을 꽤 오래 바라보았다. 눈과 마음에 천천히 포말이 일면서 정화되는 참 아름다운 시간이었다.

나는 깨끗한 화장실에서 마음 편히 샤워했다. 충분한 시간을 들여서 긴 샤워를 마치고 나왔다. 그제야 타하주트가 제대로 보이기 시작했다. 아름답고 눈 부신 햇살이 타하주트의 해변으로 찬란하게 떨어지고 있었다. 이제 제대로 타하주트를 즐길 시간이었다.

잠깐의 충동적인 결정에 의해

- *계획했다면 만나지 못했을 숙소*

하씨라비에드(Hassilabied)에서 출발하여 팅히르(Tinghir)로 향하고 있었다. 하늘은 맑고 청량했다. 사하라에서의 잊지 못할 풍경들을 꼭 품고 있으니 괜스레 든든했다.

나의 본래 계획은 이러했다. 팅히르에서 내려서 택시를 타고 투드라(Toudra) 협곡까지 가는 것이다. 거리는 10km 정도. 그리고 거기에서 맘에 드는 숙소를 골라 며칠 머무는 것.

버스는 팅히르에 도착했고 나는 택시들이 모여있는 곳으로 발걸음을 재촉했다. 그런데 그 짧은 거리를 이동하는 것도 브레이크가 걸렸다. 어디로 가요? 투어 필요한가요? 일행은 없나요?

그러다 문득 다짜고짜 누군가가 내민 명함에 눈길이 갔다. 힐끔 봤을 뿐인데, 쉽사리 시선을 떼지 못했다. 자연스레 명함을 내민 사람에게로 시선이 옮겨졌다. 키가 크고 깡마른 체격의 남자였다. 한쪽 눈은 나를 바라보고 있었지만 다른 쪽 눈은 그렇지 않았다. 나의 발걸음이 멈춘 것을 보고 성공했다 싶었는지 그가 이를 드러내며 웃었다. 앞니와 송곳니가 하나씩 빠져 있었다.

"여기 투드라 협곡 근처인가요?"

내가 물었다.

"어유, 그럼요. 걸어서 갈 수 있어요."

나는 그가 내민 명함 속 숙소 사진을 자세히 들여다보았다. 아마 내 눈에서 호기심이 너무 티 나게 흘러넘치고 있었을 것이다. 나는 숙소의 테라스에서 보이는 전경에 반해버렸다.

"여기 이 테라스, 저도 쓸 수 있는 거 맞나요?"

그는 그렇다고 연신 고개를 끄덕였다. 그리곤 개인 방 바로 앞에 있는 테라스라고 덧붙였다. 와이파이에 뜨끈한 온수에 조식과 석식까지 제공한다고 했다. 다른 말은 들리지 않고, 그저 테라스를 사용할 수 있다 하니 (그것도 개별로!), 일단 따라가 보기로 했다.

협곡 근처라니까, 마음에 안 들면 다른 숙소를 찾아 나서면 되고, 이참에 택시비도 아끼고 잘 되었다고 생각했다. 나는 그렇게 숙소 명함을 내민 영업맨의 차에 올라탔다.

모르는 사람의 차를 타다니. 사하라를 다녀온 직후라 마음이 사막만큼 평온해진 건지, 평소에는 상상하기조차 어려웠던 일들이 속도감 있게 일어나고 있었다.

여행하면서 뭐를 먹을지, 어디를 구경할지 까지는 미리 정하지 않아도 숙소만큼은 미리 알아보고 다니는 편이다. 늘 예상 시간보다 늦은 시간에 도착할 수도 있고, 그렇게 되면 발품을 팔며 숙소를 찾으러 다니는 것이 쉽지 않기 때문이다. 아주 가끔 목적지에 도착해서 숙소를 찾아다니

는 경우도 있었지만 그렇다고 영업맨을 다짜고짜 따라간 적은 없었다.

　내가 탄 차는 '숙소'라는 곳을 향해 이동하기 시작했다. 나는 서둘러 (하지만 조용히) 구글맵을 켰다. 다행히 데이터가 약하게나마 잡혔다. 나의 현재 위치를 가리키는 점이 깜빡거리며 천천히 움직였다. 영업맨은 무언가를 꾸준히 이야기하고 있었다. 나는 지도 위의 점을 계속해서 주시하랴 영업맨이 하는 이야기를 듣고 대답하랴 정신이 없었다. 어쨌든 구글맵의 점은 투드라 협곡을 향해 이동하고 있었다. 쭉 뻗은 단순한 도로였기에 일단은 안심이 되었다.

　그런데 5분도 채 지나지 않아 그가 차를 세웠다. 구글맵의 점은 아직 협곡에 도착하려면 멀어 보였다. 그는 나에게 어서 내리라고 손짓했다. 지도 위의 점은 팅히르와 투드라 협곡 사이의 참으로 어정쩡한 위치에서 깜빡거렸다.

　숙소라고 부를만한 건물도 보이지 않았지만, 영업맨은 이미 가파른 계단 위를 오르고 있었다. 나는 머릿속이 한참 복잡해진 채로 그를 따라 천천히 발걸음을 옮겼다. 게다가 길은 왜 이렇게 경사가 심한지, 별생각이 다 들었다. 내가 지금 무슨 일에 휘말린 거지, 역시 이 사람을 믿는 게 아니었어, 시간만 버렸네. 그래도 괜찮아 다른 택시를 잡아타서 협곡으로 가면 돼. 하고 걸음을 멈추려는 순간, '레스토랑 겸 숙박업소'라는 글자가 보였다. 도로변에서는 경사가 심하여 숙소가 제대로 보이지 않던 것이다.

명함에서 보았던 곳이 맞았다. 사진 속 모습 그대로였다. 첫 번째 층은 식당, 두 번째 층과 세 번째 층이 객실이었다. 2층에는 공용 테라스가 3층에는 긴 복도형의 테라스가 있었고 각 객실 앞에 테이블과 의자가 마련되어 있었다. 모든 테라스가 향하고 있는 곳은 도로를 사이에 두고 마주한 흙색의 산이었다. 바로 내가 눈을 떼지 못했던 명함 속 장면.

세상에나, 파란 하늘 아래에 흙색 옷을 입은 산의 자태는 너무나 황홀했다. 나중에야 알았지만, 그곳은 차를 타고 지나가다가 굳이 내려서 사진을 찍고 가기도 하는 알아주는 포토존이었다.

마음을 온통 빼앗긴 후 속도감 넘치게 체크인했다. 그런데 영업맨이 준 정보와 다른 점이 많았다. 개인 화장실이 딸린 방을 쓰려면 영업맨이 말한 가격보다 돈을 더 내야 했다. 와이파이도 온수도 없었다. 게다가 숙소에서 투드라 협곡을 가려면 2시간은 족히 걸어가야 했다. 방 내부 벽은 촌스러운 빨간색으로 칠해져 있어서 조금은 무섭기까지 했다.

하지만 그게 뭐 대수인가 싶었다. 영업맨은 이미 떠난 뒤였고, 설령 옆에 있다고 해도 굳이 따지며 소란을 피우고 싶지 않았다. 이렇게나 멋진 풍경을 앞에 두고 있는데 무슨 불평이 필요할까 싶었던 거다.

숙소에 머무는 동안 아침에 눈을 뜨면 잽싸게 침대 옆 창문의 커튼을 젖혔다. 그리고는 창밖의 풍경이 모두 그대로 있는지를 확인했다. 거대한 산이 어디 도망갈 리도 없지만, 그래도 직접 두 눈으로 봐야 했다. 여전히 그 풍경을 앞에 두고 눈을 뜬다는 게 믿기지 않아서였다.

나는 그 숙소를 떠나는 날까지 계속해서 만족스러워했다. 전망 때문만은 아니었다. 물론 불편한 점도 있었지만, 그에 비해 장점이 많았다. 숙소 주인과 가족들의 친절함, 너무 맛있는 식사 그리고 테라스를 오래 즐길 수 있게 해 준 날씨까지도. 영업맨을 다시 만날 일이 있으면 정말 고맙다고, 숙소 주인에게 영업맨 수수료를 팍팍 주라고 말해주고 싶은 정도였다.

하지만 무엇보다도 이 숙소가 내게 유독 기억에 남는 이유는 그곳이 전혀 계획에 없던 숙소였기 때문이리라.

평소라면 생각도 하지 못했을 행동이 이끈 곳에서, 원래 가려던 곳에 도착도 하지 못한 채, 알지도 못했던 숙소에 머물게 된 것. 아주 잠깐의 충동적인 결정에 의해 머물게 된 그곳이 더할 나위 없이 마음에 쏙 들었던 것. 그렇게 그곳에서 만족스러운 며칠을 보내게 된 것.

어쩌면 그간 아껴두었던 행운 그리고 가까운 미래의 행운까지 한꺼번에 가져다 썼기에 가능했을 그런 숙소였다.

혼자 부리는 사치

- 그럼에도 어쩔 수 없던 외로움

탄자니아에서 자원봉사자로 지내고 있었을 때의 이야기이다. 탄자니아 생활 초기에 나는 내가 속한 NGO 단체가 세운 한 농업대학에서 지내고 있었다. 학생들의 기숙사도 있었고, 선생님들의 관사도 있었다. 내 방은 선생님들의 관사 중 하나였다.

그곳은 탄자니아의 경제적 수도인 다레살람의 중심에서 한참 벗어난 한 시골 동네였다. 물과 전기의 소중함을 매일같이 맘 졸이며 느꼈고, 할 일이 없어서 초마다 시간을 세어 보기도 할 만큼 하루가 길었다.

노트북이 충전되어 있으면 영화나 드라마라도 보았지, 전기라도 없는 날엔 정말 덩그러니 나 혼자였다. 방에선 데이터도 안 잡혔다. 나에게 관심을 갖고, 함께 뭐라도 해보고 싶어 하는 학생들은 있었지만, 언어의 한계로 인해 표정과 손짓으로만 시간을 보내는 것도 한계가 있었다.

그렇게 보내는 한 달은 참 길었다. 물론 주말에는 시내에 나갔다. 금요일마다 일을 마치면 다레살람 시내에 사는 지부장의 차를 타고 나도 시내로 나갔다. 사람 사는 거야 다 똑같다지만, 주말마다 맛보는 타운은 확실히 달랐다. 슈퍼에서 살 수 있는 것들이 너무 많았고, 식당도 많고, 바다 뷰의 카페도 많았다. 하지만 주말에 새로운 기운을 충전하고 학교로 돌아와도, 꽉 막힌 그곳에서의 답답함과 외로움은 이루 말할 수 없이 커져만 갔다.

나는, 나를 위해 하루 정도는 사치를 부릴 필요가 있다고 생각하기에 이르렀다. 그 사치는, 인도양이 보이는 좋은 곳에서 하룻밤을 자고, 맛있는 것을 먹고 마시는 것이었다. 아는 곳이 많지 않던 나는, 마침 상사들과 소소한 회식을 했던 곳을 떠올렸다.

내가 탄자니아에서 처음으로 가졌던 회식이었다. 우리는 일을 일찌감치 끝내고 키감보니(Kigamboni)의 한 리조트 겸 레스토랑으로 갔다. 열대 야자수들이 줄지어 서있었고, 넉넉하게 반짝이는 모래가 넓게 펼쳐져 있었다.

바다가 보이는 테이블에 앉아 우리는 해산물을 이것저것 시켜서 먹었다. 바다 한 번 쳐다보고, 게살 한 입 먹고, 파도 소리 한 번 듣고, 맥주 한 모금 마시고. 황홀했다. 인도양을 바로 옆에 두고 살고 있었지만, 학교에서는 그저 땅과 하늘밖에 볼 수 없던 나로선 바다를 보며 밥을 먹는다는 것이 너무 신나는 일이었다. 나는 그곳을 나의 목적지로 정했다.

리조트는 나름 신축 건물로 지어진 호텔 방이 있는 건물과 개별 방갈로가 있는 구역으로 나뉘어 있었다. 나는 두 곳 다 내부를 살펴보았다. 호텔 내부는 말 그대로 윤기가 흘렀다. 바로 몸을 누이고 싶은 포근함이 있었다. 그에 비해 방갈로는 어둡고 칙칙했다. 가구들도 낡은 것이었다. 하지만 금액이 거의 두세배 차이가 났다. 더 화끈하게 사치를 부리고 싶었지만, 나는 방갈로에서 자는 것으로도 만족해야 했다.

방갈로에는 테라스도 딸려 있었다. 테라스의 의자가 깨끗하지는 않았지만, 거기에 앉아있으면 파도 소리가 매우 가까웠다. 소리만 들릴 뿐, 바다는 방갈로 밖으로 나가야 볼 수 있었지만, 그것만으로도 기분이 났다.

게다가 화장실에는 욕조도 있었다. 물탱크의 물이 얼마나 남았으려나 걱정하며 쓰던 물을, 여기에서는 이렇게 잔뜩 받아놓고 반신욕까지 할 수 있다니. 사실 조금 죄책감이 들었지만, 그런 생각은 잠시 접어두고 못 본 척하기로 했다.

오후 내내 리조트에 딸린 레스토랑에서 맥주를 마셨다. 아름다운 토요일이었다. 태양이 거침없이 내리쬐는 뜨거운 날, 그늘에 앉아 맥주를 마시자니 나 자신이 문득 참 마음에 들었다. 다레살람 시내에 바다를 끼고 있는 식당이나 호텔보다 저렴함 물가에 괜스레 기분도 좋았다. 와이파이도 잘 터지니 고립되어 있던 동굴에서 나와 비로소 세상과 연결된 기분이었다.

나는 계속해서 바다를 바라보았다. 주말이라 현지인들이 삼삼오오 나들이를 나와서 바다를 즐기고 있었다. 깊은 곳까지 헤엄쳐 들어간 어느 다정한 커플, 원색의 수영복을 맞춰 입고는 서로 장난을 치고 있는 어린 형제들, 이제 막 서로의 마음을 확인한 듯한 시작하는 연인들, 말없이 걷고 있지만 마음만은 꽉 찬 어느 노부부, 그리고 멀지 않은 테이블에서 화기애애하게 식사를 하고 있는 어느 가족들까지.

그러고 보니, 나만 혼자였다. 문득 외로움이 파도와 함께 철썩 나를 깨웠다. 두 번째로 철썩했을 때에는 그 외로움이 너무도 잘 느껴졌다. 순간 현실 감각이 사라졌다. 내가 속한 곳에서 나만 빼고 모두가 행복한 것 같았다. 나는 여기에도 속하지 못하고, 또 저기에도 속하지 못한 것 같았다. 아무리 인터넷이 잘 되어도, 아무리 맥주가 맛있어도, 아무리 내가 사치를 부리고 있어도 외로움은 피할 수 없는 것이었다.

외롭다, 외롭다 말로 내뱉을 때에는 모르던, 정말 온몸에 가시가 돋친 듯 느껴지는 외로움을 느끼자 나는 한 마디도 할 수 없었다. 억지로 푸른 하늘을 향해 고개를 들었다. 시간은 구름을 따라 흘러갔다. 파도의 재촉에도 묵묵하고 느리게. 외로움이 새겨진 시간의 무게는 혹독했다. 탄자니아에서 맞이하는 나만의 첫 여행인데, 즐거워야만 할 시간이 전혀 그렇지 못하는 것에 화가 났다.

저녁을 먹고는 방으로 들어갔다. 방갈로 한편에 자리 잡은 깊은 어둠은 내 방을 온통 더 어둡게만 했다. 따뜻한 물을 받아 반신욕도 하고, 커다란 침대에서 이리저리 굴러다니기도 했다. 뒤가 뚱뚱한 오래된 텔레비전을 틀어놓고, 창밖으로 야자수 잎사귀가 흔들거리는 것을 지켜보았다. 밤은 길었고, 나는 쉽게 잠들지 못했다.

다음 날, 나는 일출 시간에 맞춰 일어났다. 동쪽으로 바다가 나 있는 만큼, 바다에서의 일출은 꼭 봐야겠다고 생각했기 때문이다. 알람을 맞춰놓고 겨우 몸을 일으켰다. 제대로 잠을 자지 못해 눈은 퀭했고, 머리

는 어지러웠다. 끼익 방문을 열자 새벽의 바닷바람이 방 안에 들이쳤다.

나는 어서 바닷가로 나가 자리를 잡고 앉았다. 해수면 가까이에 구름들이 일렬로 길게 늘어서 있었다. 이른 아침부터 바다로 향하는 부지런한 배의 뒷모습도 보고, 하루를 운동으로 시작하는 로컬들의 동작들도 구경했다. 파도는 하늘의 색을 닮아가기 시작했다. 해변에 가까워질 때마다 파도는 짙어졌다. 하늘에 남은 마지막 어둠 조각을 쏙 빼닮은 색이었다.

해가 수면에서 올라왔지만 해수면에 딱 붙은 구름들에 여전히 가려져 있었다. 아침은 느리게 타올랐다. 구름 위까지 해가 도달하자, 나는 탄성을 내뱉었다. 하늘은 더욱 붉어졌고, 해가 내뿜는 빛에 우리 모두는 밤을 잊어갔다.

밤새 뒤척이던 이름 모를 불편함도 어느덧 지난 일이 되어버렸고, 덩

그러니 혼자 남았던 나의 토요일에서도 난 이미 멀리 와있었다. 탄자니아에서 처음 본 그때의 그 일출로 인해 남은 열한 달의 생활을 즐겁게 할 수 있었다- 같은 거짓말 문장은 쓸 수 없지만, 그때 내게 선사한 일출의 감동이 적어도 탄자니아를 사랑할 계기를 준 것은 사실이다.

　몇 달 뒤, 한 친구가 탄자니아에 놀러 왔다. 나는 그 친구를 데리고 다레살람의 나름 손꼽히는 호텔 바라든지 경치 좋은 레스토랑이라던지 하는 곳들을 데리고 다녔다. 그리고 여행의 하이라이트로 내가 묵었던 그 리조트에 친구를 데려갔다. 우리는 함께 사치를 부리며, 자그마치 호텔 방을 잡았다. 호텔 건물 뒤편에는 몇 달 전에는 없던 수영장도 완공되어 있었다. 우리는 함께 먹고, 마시고, 바다를 구경했다.

누군가와 함께 나누는 사치는 혼자 부리는 사치보다 확실히 즐거웠다. 즐거워야만 할 친구와의 여행이 정말로 즐거워서 다행이었다. 그렇다고 혼자 그곳을 찾았을 때의 외로움이 지워진 것은 아니다.

하지만 적어도 외로움만 짙게 남은 숙소로 기억되지는 않는다는 것, 그게 마음을 조금은 편안하게 해 준다. 내가 묵었던 잠 못 들던 어두운 방갈로에도 어느덧 따뜻한 아침 햇살이 가득 들어 차있음을 느낀다.

비행기가 취소됐다

- 집은 너무나 멀고 아득했다.

프랑스에서 일주일간의 휴가를 마치고 스위스로 돌아가는 날이었다. 언제나 떠나는 날은 날씨가 참 좋다. 하늘은 어찌나 눈부시고, 바다 색은 자꾸만 눈을 뗄 수 없게 만드는지 원. 있는 동안에나 그렇게 좀 잔뜩 보여주지. 칸(Cannes)에서 비행기를 타러 다시 니스(Nice)로 돌아가는 기차 안에서 파란 하늘과 바다를 계속해서 담았다.

시간 계산을 너무 넉넉하게 했는지 출발 시간보다 3시간이나 일찍 도착했다. 일찌감치 짐을 부치려 했지만 제네바행은 2시간 전에 오란다. '칸 바다를 더 보다 와도 되었네'라는 생각을 애써 '넉넉하게 점심을 먹어도 되겠다'는 생각으로 무마했다.

내가 살고 있던 스위스 로잔(Lausanne)에서 연어 말고는 바다 생선을 생각보다 자주 먹기가 쉽지 않아서, 바다 근처에 머물던 일주일 내내 생선을 먹었다. 그리고 공항에서도 어쩌다 보니 생선요리를 파는 가게에 들어갔다. 그래, 마지막 식사인데 당연히 생선을 먹어야지-하는 마음으로 생선 요리를 먹었다. 크게 퀄리티를 기대하지 않은 공항 식당임에도 불구하고 마지막이라 생각하니 더 맛있었다. 그리고 다시 체크인 카운

터로 향했다. 우리의 비행기는 유럽의 대표적인 저가항공사 이지젯, 그
곳엔 사람이 북적대고 있었다.

"제네바행 비행기가 취소되었습니다."

잠깐만, 뭐라고? 이것은 항공편 예약 때 기입한 메일로 받은 연락도 아
니고, 공항 내 방송도 아니었다. 심지어 체크인 카운터 앞에 따로 크게 공
지를 해 놓은 것도 아니었다. 그저 직원 한 명 세워두고 제네바행을 타는
승객들에게 그렇게 알리고 있었다. 분명 한 시간 전만 해도 아무 말이 없
던 항공사가 아닌가.

"다른 항공편으로 바꾸시거나, 환불 요청하세요. 오늘 저녁 제네바행이
하나 더 있긴 한데, 그건 이미 풀 부킹이네요. 내일 비행기 원하시는 시간
으로 변경하시면 되고요, 기타 규정은 웹사이트 확인하세요."

어안이 벙벙했다. 이유도 몰랐고, 어떻게 해야 할지도 몰랐다. 비행기
가 연착되거나 다른 시간 혹은 다음 날로 바뀐 경우는 보고 들었어도 이
렇게 다짜고짜 취소되었으니, 뒤처리는 알아서 하라는 경우는 처음이었
다. 우리와 같은 처지의 사람들이 하나둘씩 주변에 생겨났다. 각자의 사
정은 다 달랐지만 반응은 거의 비슷했다.

너무나 화가 나서 이게 말이나 되냐고 계속해서 따지고 싶었지만, 그런
다고 취소된 비행기가 운항하는 것도 아니었다. 집에 갈 다른 교통편이
있는 것도 아니었다. 니스에서 제네바까지는 기차를 적어도 3번 갈아타

야 했고, 8시간이 걸렸다. 비행기로 고작 1시간 걸리는 것을 생각해보면, 그것은 도저히 감당할 수 없는 모험이었다.

너무 괘씸하지만, 일단 내일이라도 서둘러 집에는 가야 했기에, 다음날 아침 비행기로 항공편을 바꾸는 것까지는 성공했다. 인터넷을 뒤져 당일 항공편이 취소되면 승객들에게 보상금과 숙소가 지급된다는 조항은 찾았지만 이지젯 웹사이트는 어쩐지 먹통이었다. 취소된 항공편의 승객들을 위한 카운터가 따로 마련되어 있지도 않아서, 다른 행선지 승객들과 같은 체크인 카운터에 줄을 선 후 질문을 해야 했다. 지상직 승무원 선에서 해결이 안돼 고객센터로 연락을 하라고 했지만, 역시나 이런 상황에서 고객센터는 절대로 연결이 될 리가 없다. 여기저기에서 크고 작은 실랑이가 있은 후에야, 이지젯 직원 중 누군가가 나서서 문제를 (드디어) 들어주기 시작했다.

니스에 사는 사람을 제외하면, 모두에게 가장 큰 문제는 숙소였다. 그 직원은 숙소 문제를 해결해서 곧 알려줄 테니 일단 편하게 앉아서 기다리고 있으라고 했다. 앉아 있어도 마음이 편치 않을 마당에 앉을자리조차 없었다. 공항이 큰 것도 아니었지만 어디 가있을 데도 마땅치 않았다. 조금이라도 멀리 있으면, 소식을 놓칠까 주변에서만 서성거렸다.

기다림의 연속이었다. 정오가 조금 넘은 시간에 도착하여서 어느덧 원래대로라면 비행기 탈 시간이 다가왔다. 언제까지 마냥 이렇게 기다리고만 있어야 하나, 공항 근처 숙소 잡아주는 게 그렇게 오래 걸릴 일인가,

저가 항공이 그럼 그렇지, 아니 생각할수록 진짜 어이가 없네,라고 반복해서 생각하는 것 마저도 지쳐버렸다.

공항 와이파이는 핸드폰을 5분만 안 쳐다봐도 금방 꺼져버렸고, 다시 로그인할 때마다 이메일 주소며, 행선지며, 국적이며 이것저것을 입력해야 했는데, 입력한다고 매번 제대로 고르게 연결이 되지도 않았다.

그리고 (또 원래대로라면) 제네바에 도착했을 시간이 되었다. 정말로 갈 곳 없는 신세가 되어버렸구나, 싶을 때 드디어 그 직원이 다시 나타났다. 역시나 서두르거나 걱정스러워하는 것은 승객만의 몫이었다.

그 직원은 "취소된 제네바행 승객들 모이세요."라고 소리치지 않았다. 나처럼 근처에서 눈치를 보며 동태를 살피고 있던 승객 몇 명 만이 허겁지겁 그녀에게 다가갔다. 그리고 비로소 우리는 호텔 이름을 듣게 되었다. 오늘 석식과 내일 조식도 호텔에서 제공할 거라는 소식과 함께.

공항 밖으로 나오자 햇살이 따뜻했다. 공항에 갇혀 있는 내내 이렇게 따뜻했던 거구나, 하는 생각도 잠시 하늘이 먹구름으로 뒤덮였다. 금방이라도 비가 쏟아질 것 같이 굴었다. 기다리고 있었다는 듯이, 아주 기가 막힌 타이밍이었다.

숙소는 형편없었다. 하룻밤 자는 건데 뭔들 어떠랴 싶었지만, 공항 근처 호텔 중 숙박객들의 만족도가 낮은 숙소를 일부러 골라 준 것 같았다. 연두색 옷걸이에, 붉은빛 조명을 어울리지 않게 매치해 놓은 그 방 안에서, 침대 위로 쓰러지듯 누웠다.

내일은 느지막이 일어나서, 여행 중 한 번도 하지 못한 빨래를 하고 소파 위에서 늘어지게 누워있고 싶었는데. 당장 내일 새벽같이 일어나서 비행기를 타고, 기차를 타고, 전철을 타고 집에 가야 한다는 사실이 막막하게만 느껴졌다. 집은 너무나 멀고 아득했다.

여행 중 가장 맛이 없던 저녁 식사를 먹고 일찌감치 누웠다. 여행에서의 마지막 날을 그래도 조금은 뭐라도 하면서 보내면 좋을 텐데, 도무지 뭔가를 할 기력이 없었다. 오후 내내 심신이 지친 탓이었다.

언제나 기다림의 연속이고, 기대했던 대로 되는 것은 아무것도 없는 게 여행이라고 스스로 다독이며 그렇게 잠이 들었다. 창밖으로는 야속하게도 계속해서 비행기가 이륙하고 있었다.

호의인가, 함정인가

- 치앙마이와 빠이 그 중간 어디쯤에서

한창 배낭여행자라는 타이틀에 빠져 있을 때가 있었다. 배낭여행자에 대해 내리는 정의는 사람마다 상황 따라 다를 것이다. 내가 빠져있던 배낭여행자의 콘셉트는 말 그대로 배낭 메고 떠나는 여행. 그 배낭 안에 많은 것을 가지고 다니진 않아도 그 안에 꽤 많은 기억을 담을 수 있는 그런 여행. 새로운 풍경도, 해보지 않았던 모험도, 만나본 적 없는 부류의 사람도 두려워하지 않는 그런 여행.

나의 배낭여행 중 가장 즐거웠던 한때는 태국 빠이(Pai)에 갔을 때이다. 이 책의 첫 번째 챕터에 있는 빠이의 방갈로에 머물던 그때이다. 그 중 하루는 처음 만난 배낭여행자들을 따라 오토바이를 타고 미얀마 국경에 가까운 곳까지 갔다. 풍경, 모험, 사람. 세 박자가 완벽히 갖추어진 시간이었다. 그때의 시간은 생각하는 것만으로도 또다시 빠이 여행을 꿈꾸게 했다.

그렇게 빠이를 그리워한 지 일 년 정도 지났을 때였다. 일도 너무 하기 싫고, 연말은 다가오는데 아직 쓰지 않은 연차가 남아 있었다. 날은 추워지고 있어서 따뜻한 태국의 햇살이 더욱 그리웠다. 이틀 연차를 써서, 수요일 퇴근 후 인천으로 날아가 다음 주 월요일 새벽에 다시 인천으로 돌아오는 여정의 비행기를 예약했다.

미얀마 국경까지 함께 갔던 무리 중 한 사람이 여전히 빠이에 있었다. 여행 내공이 상당해 보이는 나보다 스무 살 정도로 많은 것으로 추정되던 삼촌이었다. 인도, 네팔 등지에서 오래 머물다 태국 빠이에 자리 잡은 지 꽤 되었다고 했다. 경치가 좋은 어느 얕은 언덕 중턱에 자리 잡은 집을 렌트하여 지내고 있었는데, 여행 커뮤니티를 통해 소문을 듣고 온 주머니가 가벼운 배낭 여행자들을 재워주기도 한다고 들었다. 나는 그 삼촌에게 연락을 했다.

"삼촌, 저 낼모레 빠이 가요! 빠이에서 만나요!"

"오, 그래? 치앙마이에 언제 떨어져? 항공편은 뭐야? 치앙마이로 데리러 갈게."

치앙마이 공항에서 빠이까지는 130km가 넘는 거리인데, 구불구불 산길을 갈 때에는 멀미가 난다. 안 그래도 늦은 시간 도착하여 걱정이 되었던 나는 그의 너그러운 마음이 고마웠다. 부담스러움도 3할 정도 있었지만, 배낭 여행자들끼리는 그렇게 돕는 거지 뭐, 라며 그의 호의를 흔쾌히 받아들였다.

치앙마이 공항을 나서자 콧속에 습기가 가득 들어찼다. 금방 비가 오려는 모양이었다. 시간은 자정이 가까웠다. 그리고 멀지 않은 곳에서 삼촌이 나를 기다리고 있었다. 오랫동안 빗질을 하지 않은 긴 머리, 인도의 햇빛에 몇 년은 그을린 검고 칙칙한 얼굴, 그리고 나를 발견하고는 크게 미소 짓는 눈가의 주름. 삼촌의 손에는 헬멧 두 개가 들려 있었다.

"와, 이거 뭐예요?"

"어때, 죽이지?"

바이크는 잘 모르지만, 어쨌든 멋졌다. 바이크를 타고 3시간의 거리를 이동하여 빠이에 가야 한다는 사실이 나를 배낭 여행자 모드로 금세 바꿔놓았다.

바이크는 커다란 소리를 내며 달리기 시작했다. 뒤에 앉은 나는 마땅히 잡고 갈 것이 없어 앉고 있는 시트 커버를 잡았다. 네 손가락은 아래로 향한 채 시트의 아래 부분을 감싸고, 엄지 손가락을 옆면에 닿은 채로. 그러자 삼촌은 그렇게 가면 위험하다고 자신의 허리를 잡으라고 했다. 그런데 나는 도저히 내키지 않았다. 난 그대로가 편하다고 했고, 그는 그래서인지 아닌진 모르겠지만 속도를 더욱 내며 달렸다.

한 시간쯤 달렸을까? 부슬부슬 내리던 비가 어느덧 조금 더 옷이 젖을 정도로 내리기 시작했다. 그러자 삼촌은 얼마 가지 않아 오토바이 운전을 멈추었다.

"이대로는 안돼, 사고 날 거야. 지금 여기가 이 정도면 빠이 근처는 비 더 많이 올 거야."

나는 그럼 어떡하느냐는 표정을 지었다. 나는 로밍도 하지 않고, 현지 유심칩도 사지 않았기에 인터넷이 없었다. 내가 어디에 있는지도 몰랐다.

"여기서 조금만 더 가면 잘 데 있어. 자고 내일 아침에 출발하자."

나는 무언가 잘못 돌아가고 있다는 생각이 들었다. 삼촌은 내 의견은 묻지 않고 어느 숙소에 바이크를 세웠다. 어느덧 좀 전보다 비가 잦아들고 있어 나는 다시 출발하자고 했다. 하지만 그는 비에 젖은 옷을 입고 운전하기 쉽지 않다고 했다.

삼촌이 숙소 주인을 불렀다. 자다 나온 주인이 우리를 위아래로 훑었다. 이 시간에 참 별일이네, 하는 표정이었다. 현지어에 능숙한 삼촌이 방이 있냐고 물어봤다. 그녀는 그렇다고 했다. 참 신기하게도 평소에는 절대 알지도 못하던 외국어가 특정 상황 (불리하거나 생사가 걸렸다거나 하는 상황)이 되면 그 문맥을 파악할 수 있을 것 같다.

"돈은 제가 삼촌 방까지 낼게요."

나는 검지와 중지 손가락을 내밀며, 방 두 개를 달라고 '투 룸, 투 룸 플리즈'를 거듭 외쳤다. 주인은 고개를 끄덕했지만, 삼촌이 그녀에게 뭐라고 현지어로 막 이야기를 했다. 그러더니 나에게,

"남은 방이 하나밖에 없대."

나는 슬슬 화가 나기 시작했다. 마스터키를 가지고 정말 남은 방이 한 개인지를 직접 확인해보고 싶었다. 누가 봐도 짜고 치는 고스톱 같은 상황이었지만 당시 내가 도움을 청할 곳은 없었다. 내가 가진 거라곤 가방 안에 든 얼마간의 돈, 여권, 옷가지들, 현재로선 소용도 없는 핸드폰이 전부였다.

긴 수요일이었다. 수원 집에서 서울 용산으로 출근하여 풀타임으로 일을 하고 인천으로 넘어가 비행기를 타고 넘어간 곳, 그곳에서도 바로 쉴 곳을 찾지 못하고 어둠 속에 오토바이를 타고 달리다 도착한 웬 낯선 숙소. 피곤할 만도 하지만 오던 잠마저 다 쫓아내야만 할 상황이었다. 정신을 차려야 했다.

주인이 보여준 방을 보니 침대가 달랑 하나였다. 더블침대. 나는 그녀에게 마찬가지로 손가락 두 개를 브이자 형태로 보여주며 "투 베드, 투 베드 플리즈"를 또다시 거듭 외쳤다. 그녀는 나를 향해 난처한 표정, 그리고 삼촌을 향해 어쩔 줄 몰라하는 표정을 번갈아지어 보였다.

그는 나에게 들으라는 듯, 그녀에게 뭐라고 더 추가로 물어보는 듯하더니, "없대."라고 했다. 그리곤 그녀에게 현금 얼마를 쥐어주며 나에게 말했다.

"됐어, 방값은 내가 낼게."

살다 살다 이런 일을 겪게 되다니, 지금은 도대체 무슨 상황인가, 이건 호의도 아니고 배려는 더더욱 아니고, 그래 함정이라면 함정일 이 상황은 무엇인가.

머릿속이 참으로 복잡해졌다. 시계를 보니 날이 밝기까지 4시간쯤 남아있었다. 나는 옷을 벗고 샤워하는 것조차도 마음이 편하지 않아서 간단히 세수와 양치만 했다. 하지만 그는 뜨거운 물로 오래 샤워를 했다.

그때 삼촌이 내뱉던 소리들이 나는 아직도 기억이 난다. 으어, 으어…

하는, 뜨거운 물에 차가운 몸을 녹이며 내던 이상하고 끔찍하고 징그러운 소리. 화장실에서 그 소리가 들려올 때마다 나는 오만상을 썼다.

그가 씻는 동안 혼자 떠날까도 싶었지만, 어두운 밤을 맞이한 외딴곳에서는 그것도 적절한 대처가 아니었다. 나는 가방 안에서 무기가 될만한 것을 찾았지만, 기내 수하물로 하나 달랑 메고 온 작은 배낭 안에는 위험해질 수 있는 물품 자체가 없었다.

나는 그저 펜 하나를 꺼내어 가까운 곳에 두었다. 여차하면 펜으로라도 찔러야지, 영화에서 보면 펜으로 눈도 찌르고 하니까.

샤워를 마치고 나온 삼촌이 침대에 누웠다. 나는 속으로는 엄청 쫄고 있었으면서, 최대한 티를 내지 않으려 했다. 나는 침대 끄트머리에 떨어질 듯 붙어있었다. 그런 나를 보고는 그가 이야기했다.

"아이고, 안 건드려. 나 좋다고 찾아오는 여자들이 얼마나 많은데."

"아, 네 그러세요? 그러니까 삼촌도 저쪽으로 가서 자요."

그는 혼자 이런저런 말들을 쉬지도 않고 늘어놓았다. 자기가 인도에 있을 때 어쩌고 저쩌고, 요가를 했었는데 카마수트라가 어떻고, 그때 만났던 여자들이 어땠고, 최근에 자기를 찾아온 여행자가 있는데 주절주절.

친구들과 가볍게 하는 음담패설은 나도 잘한다. 그런데, 이건 정말 듣고 있기 힘든 지경이었다. 닥치고 잠이나 자라고 하고 싶지만, 그 말도 하지 못하고 그렇다고 먼저 잠들지도 못했다. 나는 그의 이야기를 듣는 둥마는 둥 하며 정신을 바짝 부여잡고 있었다. 그렇게 조금 더 떠들던 그는 어느덧 코를 골기에 이르렀다. 나는 아주 조금 마음이 놓였다.

나는 그날 밤, 한숨도 자지 않았다. 잠이 들면 원치 않는 일이 일어날까 무서웠다. 창밖이 밝아지기가 무섭게 일어나서 삼촌을 깨웠다. 그곳에서 빨리 벗어나고만 싶었다. 뭘 그렇게 서두르냐며 삼촌은 구시렁댔지만, 나는 이미 떠날 준비를 마친 채였다.

빠이로 향하던 길에 작은 국숫집을 들렀다. 아침 식사를 하기 위해서였다. 작은 그릇에 국수가 먹음직스럽게 담겨 나왔다. 그는 국수를 먹으며 또다시 그 소리를 냈다. 샤워를 하며 내던 소리. 아, 정말이지 그 끔찍함과 역겨움은 이루 말할 수 없었다.

자유분방하게 보였던 빗지 않은 긴 머리가 더럽게만 느껴졌고, 오랜 여행자의 그을린 피부도 경멸스럽게만 느껴졌다. 바이크도 멋지지 않았고, 현지어를 하는 삼촌의 발음도 구렸다.

나는 최대한 귀를 닫고 따뜻한 국물을 후후 불어가며 열심히 국수를 먹었다. 남은 시간이 훨씬 많은데, 그것마저 망칠 수는 없으니 말이다. 국수를 먹고 여행자 모드를 한껏 충전했다.

첫 번째 빠이 여행 후, 나는 내가 매년 빠이를 갈 줄 알았다. 하지만 두 번째 여행 후, 빠이를 (아직은) 다시 가지 않았다. 여전히 그리운 곳은 맞지만, 선뜻 마음이 가지 않는다. 그 삼촌 때문에 빠이를 향한 나의 애정이 식은 것은 아니다. 좌표 모르던 숙소에서 나의 작은 무기를 마련한 채

뜬 눈으로 새벽을 맞이하던 그날이 이제는 그저 여행 중 생긴 하나의 에피소드로 남아있을 뿐이다.

 물론 그때의 여행 이후로 한동안은 그 기억에 소름이 돋기도 했다. 하지만 내가 그 뒤로도 꾸준히 새로운 배낭여행을 추구할 수 있었던 건, 그 삼촌과의 에피소드를 충분히 덮을 만큼 즐거운 여행자들을 많이 만난 덕분이다. 물론 그 뒤로는 누군가의 호의에 의심을 살짝 보태지만 말이다.
 여행 중엔 역시 상상하기 싫은 일도 많이 일어나지만, 계속해서 곱씹고 싶은 순간이 훨씬, 정말 훨씬 많이 일어나니까. 나는 여전히 낯선 풍경, 설레는 모험, 새로운 사람을 만나는 여행을 사랑하고, 계속할 것이다.

컴플레인하길 참 잘했지

- 다클라에 오길 참 잘했지

엉겁결에 마라케시에서 서사하라의 다클라(Dakhla)로 향하고 있었다. 친구의 추천을 받고 덜컥 행선지를 정해버린 것이었다. 3주간의 모로코 여정에서 굳이 비행기를 탈 정도의 거리를 이동하는 게 맞나 싶은 마음도 없지는 않았다. 하지만 이미 비행기를 탄 후였다. 작은 비행기는 비행하는 내내 기체가 덜덜 떨렸다. 나도 그에 맞춰 덜덜 긴장하고 있었다. 그저 창밖만 바라보며 비행기가 무사히 착륙하기만을 바랐다.

다클라 공항은 굉장히 작았다. 공항에서 나와서도 길은 양옆으로 쭉 뻗은 도로 하나가 전부였다. 흔들거리던 기체의 여운을 뒤로한 채 나는 백팩을 부여잡고 숙소를 향해 걸어갔다.

숙소는 다행히 멀지 않았다. 한창 뜨거울 때여서 인지 거리에는 사람도 많지 않았다. 농도가 다른 황톳빛의 건물을 몇 차례 지나고 나자 숙소에 도착할 수 있었다.

방 열쇠로 문을 열고 들어가는 순간은 늘 기대와 걱정이 뒤섞인다. 사진에서 기대했던 것보다 무엇이 얼마나 다를지 염려가 되는 것이다. 늘마음을 비우자고 다짐하지만, 그럼에도 줄이고 줄인 기대에도 미치지

못하는 방의 민낯과 마주했을 때의 그 실망감이란 이루 말할 수 없다.

　다클라의 숙소는 정말이지, 기대 그 이하였다. 방은 상당히 어두웠다. 첫 번째 층인 데다가 창문이 작아서 빛이 잘 들어오지 않았다. 무엇보다도 리셉션 바로 옆 방이었고, 건물의 계단은 내 방 옆에서 시작하여 내 방 위를 지나가는 구조였다. 계단을 오르내리는 사람들의 발소리가 내 방안으로 고스란히 울려 퍼졌다.

　거슬리는 소리는 그것뿐이 아니었다. 세면대에서 물을 틀 때마다 이상한 소리가 났다. 마치 그 안에 숨겨진 폭탄이라도 있는 것처럼 불안한 소리였다. 정말이지 참을 수 없는 소음이어서 나는 결국 숙소 직원을 부르게 되었다. 직원도 소리를 듣고는 놀라서 수리공을 불렀다.

수리공은 별 다른 장비 없이 그저 세면대 물을 틀었다 잠갔다만 반복하더니, "문제없어요."라고만 했다. 물을 틀 때마다 무서울 지경인데 문제가 없다니. 정말이지 화가 하나 둘 쌓여갔다.

와이파이도 제대로 잡히지 않았다. 겨우 연결이 되어 뭐라도 좀 찾아볼까 싶으면 바로 와이파이가 꺼졌다. 이래저래 답답한 지경이었다. 게다가 화장실에서 샤워를 하다 바퀴벌레를 만나기도 했다. 배수구 구멍에서 올라온 것이다. 씻어도 개운하지 않고, 오히려 찝찝함만 남기는 샤워였다.

숙소 앞 도로 건너편에 바로 대서양이 펼쳐져 있는데 도통 바다 기운이라곤 느껴지지도 않았다. 그저 숙소에서 파는 맥주만 벌컥벌컥 마셨다. 땅굴 속에 갇혀 온갖 소음에 시달리고 있는 처지 같았다. 여기까지 넘어와서 지금 뭐 하는 건지, 나는 왜 굳이 이곳까지 비행기를 타고 넘어와서 고통받고 있는 것인지 알 수가 없었다. 나는 온갖 불평 속에서 겨우 잠이 들었다.

다음날, 조식을 먹으러 몇 계단을 올라갔다. 숙소의 커다란 살롱으로 들어서는데 나는 입이 떡 벌어졌다. 눈부신 아침 햇살이 천천히 스며들어 있는 공간, 모두가 근심 걱정 없는 표정으로 오물거리며 먹는 빵, 코를 찌르는 우아한 커피 향, 그리고 살롱에 딸린 테라스에서 보이는 눈부신 바다. 온갖 여유란 여유는 다 부리고 있는 사람들 틈에서 밤새 불만 속에 뒤척인 나도 자리를 잡고 앉았다.

"방은 지낼만해요?"

숙소 주인이 내게 물어왔다. 유럽의 어느 불어권 나라에서 온 여자였다. 나는 또 거짓말은 못한다. 아마 대답을 하기도 전부터 얼굴에 가득 쓰여있었을 것이다. 절대 아니라고.

나는 내가 어제 겪은 몇 가지 문제들을 이야기했다. 의도치는 않았지만, 얼굴을 잔뜩 구기면서. 세면대의 소름 끼치는 소음에 대해 이야기할 때는 마치 당장이라도 그 소리가 들릴 것처럼 열심히 과장하기도 했다.

다클라를 떠나는 비행기를 타려면 이곳에서 세 밤이나 더 자야 했고, 당장 잘 곳을 찾은 것도 아니었지만 환불 이야기도 꺼냈다. 그러자 그녀는 당황했다.

"환불 불가한 상품으로 예약을 하셨는데요…. 음, 잠시만요."

어느새 그녀는 내게 말을 걸었을 때 보였던 '비즈니스 미소'를 거둔 채였다. 조금이라도 상냥하게 말했어야 했나 싶은 걱정이 들었지만, 그때는 전혀 그런 걸 따질 기분이 아니었다.

조식은 또 왜 이렇게 맛이 없는지, 가장 저렴한 방 예약했다고 조식마저 가장 낮은 등급을 준 건 아닌지 옆 테이블을 힐끔거렸다. 그녀는 컴퓨터를 보며 몇 가지를 확인한 후 나에게 왔다.

"방을 바꿔드릴게요. 다행히 취소된 방이 하나 있어요. 지금 방에서 바로 한층 올라가면 되고요, 테라스도 있답니다. 추가 요금을 원래는 받아야 하는데, 이번엔 안 받을게요."

잘 수 없는 방을 팔아 놓고 추가 요금을 받으면 도둑놈이지, 라고 속으

로 생각한 채 억지웃음을 지어 보였다. 고맙다는 말을 맛없는 조식 위로 남겨 놓고는 나는 서둘러 살롱을 떠났다.

새로운 방 열쇠를 받아 방문 앞에 선 순간. 또다시 기대와 걱정이 혼재했다. 또다시 형편없는 방을 주면서 생색낸 건 아닌지 하는 걱정과 그래도 어떤 방이든 원래 방보단 나을 거라는 작은 기대. 끼익, 방문이 열렸다. 그리고 나는 시선을 천천히 옮겼다. 점점 내 눈이 휘둥그레 해졌다. 가장 먼저 보인 화장실, 그리고 살롱의 소파, 침대가 (와우!) 세 개나 있었고, 넓은 부엌, 그리고 테라스! 나는 테라스로 단숨에 나갔다. 고작

한층 올라왔을 뿐인데 전혀 다른 세상이 펼쳐져 있었다. 테라스에서 보는 다클라의 단면은 상당히 아름다웠다. 다클라에서 마치 가장 아름다운 일상의 단면을 조각내어 테라스 배경으로 붙여 놓은 것만 같았다. 무척이나 달콤했다.

나는 그날 점심과 저녁을 먹으러 식당에 다녀오는 것 말고는 오후 내내 테라스에서 시간을 보냈다. 와이파이도 절대 끊길 일이 없었다. 나는 좋아하는 노래를 틀어놓고, 노래를 따라 부르기도 하고, 맥주를 마시기도 하고, 길을 걷는 사람들을 구경하기도 했다.

다클라에 여행하면 으레 보러 가는 것들을 아직 보지도 않았으면서, 다클라에 오길 참 잘했다고 정말 아름다운 곳이라고 몇 번이나 중얼거렸다. 그저 잠을 자며 하루 머물기에는 참 아까운 시간이 그렇게 흘렀다. 컴플레인하길 참 잘했다고 남몰래 뿌듯해했다.

나는 다음날 숙소를 옮겼다. 투어를 예약하며 투어 회사에서 관리하는 숙소까지 할인받을 수 있었기 때문이다. 나는 다클라에 더 머물며 하얀색 사막이 바다와 만나는 라 둔 블랑쉬(la dune blanche)도 구경하고, 25 비치에 가서 물이 빠진 바다를 걷기도 하고, 파도치는 다클라의 바다를 곁에 두고 드라이브를 즐기기도 했다. 온갖 신비로운 힘을 발산하는 다클라의 보물 같은 자연들이었다.

하지만 그럼에도 컴플레인으로 얻어낸 테라스 딸린 방, 그 방에서 내가 오후 내내 품었던 그 배경이 마음에 더욱 깊게 남았다. 그것은 온전히 나만의 것이었으므로, 가장 편한 차림과 마음으로 즐길 수 있었던 곳이었으므로, 그리고 기대보다 훨씬 아름다운 곳이었으므로.

글을 마치며,

서사하라가 자주적인 하나의 국가로 인정받을 수 있기를, 모로코와의 영토 분쟁이 하루라도 빨리 끝날 수 있기를 진심으로 바란다.

제4장

걷다
들르는 집

산에 오르려고 네팔에 갔던 건 아니었다

- 트레킹이 처음이기는 가이드도 나도 마찬가지였다.

트래킹하려고 네팔에 갔던 건 아니었다. 산을 배경으로 하늘을 잔잔하게 담은 맑은 호수 위에서 뱃놀이하는 상상을 했을 뿐, 산을 탈 생각은 없었다. 한국에서도 제대로 등산조차 해본 적이 없었기에 트래킹은 남의 일처럼 느껴졌다.

카트만두에 도착한 지 이튿날, 타멜 거리를 헤매다 포카라행 버스표를 사러 어느 작은 여행사로 들어갔다. 머리카락 대신 콧수염과 턱수염을 잔뜩 기른 '캄상'이란 이름의 직원이 반갑고 정중히 맞아주었다. 작은 에이전시의 벽은 온갖 트래킹 사진으로 도배되어 있었다. 설산을 자랑스레 딛고 나가는 사진 속 여행자들은 모두가 활짝 웃고 있었다. 사진에 시선을 빼앗긴 나에게 그가 물었다.

"트래킹은 안 해요?"

"어휴, 나는 등산화도 없고, 고산병도 무서워요. 나는 쉬러 왔지, 힘 빼러 온 건 아니거든요."

말은 그렇게 하면서도 눈은 계속해서 사진들을 훑고 있었다. 그러다 여행 준비 중에 보게 된 어느 롯지 사진을 저장해둔 게 떠올랐다. 담푸스라는 곳에 있다는 것만 알았지, 숙소 이름은 몰랐다. 나는 혹시나 하는 마음으로 그에게 그 사진을 보여주었다. "아 여기!" 그가 미소 지었다.

담푸스는 동네 뒷산 올라가는 정도로 갈 수 있는데, 이왕 그럴 거면 짧은 트래킹을 해보는 게 어떻겠냐고 그가 제안했다. 나는 머뭇거렸고, 그는 일정을 짜기 시작했다. 푼힐까지 올랐다가 간드룩, 란드룩을 지나 담푸스로 향하는 일정이었다. 이 코스는 현지인들은 슬리퍼로도 거뜬하고, 푼힐은 3,210m 밖에 안 되니 고산병도 없다고 했다. 어느덧 벽에 붙은 성취감에 도취한 트레커들의 사진에 압도당한 걸까, 아니면 그의 영업 기질이 대단히 잘 발휘가 된 걸까. 나는 4박 5일짜리 트래킹을 덜컥 예약하고 말았다.

그리고 4일 뒤, 나는 씩씩대며 산을 오르고 있었다. 활짝 웃던 트레커들의 표정은 모두 거짓이었다. 나는 땀을 뻘뻘 흘리고 언짢은 얼굴을 하고는 오르막길을 오르고 있었다. 그리고 몇 시간 뒤, 땀에 흠뻑 젖었던 내가 이번에는 비를 잔뜩 맞고 있었다. 4월, 본격적으로 우기가 시작되기 전이었는데도 비는 정말이지 거세게 내렸다. 머릿속에는 숙소에 도착해서 따뜻한 물로 몸을 덥히고, 포근한 이불에 드러눕는 행위가 몇 번이고 되풀이되었다. 그렇게라도 하지 않으면 하루도 안 되어서 포기할 것만 같았다.

그렇게 겨우 도착한 울레리(Ulleri)의 한 롯지. '이제 살았다.'는 생각도 잠시, 무언가 이상했다. 아무리 날씨가 그 모양이라지만 어두워도 너무 어두웠다. 이럴 수가, 정전이었다. 천둥 번개가 너무 거세면 종종 정전이 일어나곤 하는데, 하필 그날이었다. 전기 수급 상태가 불안하니 따뜻한 물도 나오지 않았다. 수도꼭지를 틀자 내 맘을 몰라주는 찬물이 조르륵 흘러나왔다.

그래도 땀과 비에 흠뻑 젖은 이 몸을 씻긴 씻어야 하니, 덜덜 떨며 옷을 벗고 샤워기 앞에 섰다. 그래, 잠깐이야, 죽기야 하겠어? 라고 스스로 용기를 북돋우며 얼음장 같은 물을 몸에 뿌렸다. 몇 차례 점프해가며, 이를 악물고 샤워기 앞에서 발을 동동 구르며 겨우 샤워를 마쳤다. 재빨리 수건으로 물기를 닦으며 계속해서 서로 부딪히는 윗니와 아랫니를 달랬다. 주섬주섬 옷을 챙겨 입고 나자 조금은 안도감이 들었다. 그제야 방 안이 눈에 들어왔다.

방은 아주 작았다. 더블 침대 하나가 방 안에 꼭 맞게 자리하고 있었다. 침대 옆으로 있던 작은 테이블과 옷걸이 이외에 별다른 가구는 없었다. 특이점이라면 한 면도 아니고 두 면 가득 창문이 있다는 것. 하지만 비에 가려 밖이 제대로 보일 리가 없었다. 비는 더욱 거세어졌고, 울레리는 점점 어두워졌다.

일찌감치 저녁 식사를 했다. 롯지에 있는 식당에서 촛불을 앞에 둔 채 허겁지겁 배를 채웠다. 왼손은 따뜻한 찻잔을 감싼 채였다. 배가 불러오자 그제야 트래킹 첫날이 지나갔다고 하는 생각과 함께 그날의 순간들이 스쳐 갔다. 일행이 없는 나를 위해 식사 내내 말동무가 되어준 것은 다름 아닌 여행사 사무소 직원 캄상이었다.

사실 트래킹 전날까지 내 가이드는 정해지지 않았었다. 나는 깜상에게 사기를 당한 줄로만 알았다. 트래킹 예약증과 영수증만 몇 번이고 확인 또 확인했다. 그러다 트래킹 출발 전날 그에게 전화가 왔다. 늦은 오후였 다. 그는 한 가이드를 섭외했지만, 그의 스케줄에 문제가 생겼다고 했다. 나는 기다렸다는 듯이 고래고래 소리를 질렀다. 내 그럴 줄 알았지-부터 등산바지와 모자도 샀고, 마냥 너의 전화만 기다렸는데 어떡할 거냐고 화를 냈다. 그러자 깜상이 이야기했다.

"사실 내가 지금 포카라가는 비행기를 타려고 해. 너만 괜찮다면, 내가 너의 가이드가 되어줄게! 내일 아침에 너희 게스트하우스로 픽업 갈 거 야. 그러니 걱정하지 말고, 잠 푹 자두도록 해. 내일 봐!"

따뜻한 차를 두 잔째 비우고 나서, 나는 노곤한 몸을 이끌고 방에 들어 가 누웠다. 그전까지 남아있는 모든 기운을 모아 깜상과 수다를 떠느라 힘이 쭉 빠져있었다. 트레킹이 처음 이기는 그도 나도 처음이라 더욱 할 이야기가 많았다.

이불 속은 소름 돋을 정도로 차가웠다. 그 냉정함에 놀라 한동안 무릎 을 끌어안은 채 움직이지 못했다. 옆 방의 중국인 트래커들이 왁자지껄 떠드는 소리와 창밖의 폭풍우 소리가 서로 겨루듯 내 방으로 쏟아져 들 어왔다.

나는 시린 이불 속에서 손가락을 후후 불며 일기를 썼다. 촛불만이 일 기장을 비춰주었다. 하루 내 흘린 땀과 온몸을 적신 비바람, 그리고 찬물 샤워 후 마신 차 두 잔이 촛불 끝에서 둥실 떠다녔다. 일기를 다 쓰고 몸

을 바로 누웠다. 그러자 전기가 복구되었는지, 삐- 소리가 크게 울렸고, 옆방 중국인 트래커들은 환호성을 질렀다.

다음 날, 깊은 잠에서 깨어나니 저 멀리 동이 트고 있었다. 간밤의 천둥 번개를 무사히 넘긴 울레리의 새벽이었다. 이불을 돌돌 만 채, 침대에 앉아 창밖을 바라보자, 전날 상상만 했던 창문 밖 모습이 펼쳐져 있었다. 상상보다 훨씬 아름답고 강렬했다. 창문을 빼꼼히 열었다. 차가운 새벽 공기가 훅 코끝을 덮쳤다. 서늘한 기운이 기분 좋게 이불 안까지 들어왔다. 모든 감각이 곧게 깨어나는 새벽이었다. 전날의 고생쯤은 모두 잊게 할 만큼 기분이 좋았다.

떠나야 할 시간이 되었지만 나는 한동안 그러질 못했다. 비로소 볼 수 있던 울레리의 풍경에 온 마음을 빼앗긴 채였다. 여기에서 하루를 더 보내면 좋겠다고 하자, 캄상이 말했다.

"훨씬 더 멋진 풍경들을 보게 될 거야. 자, 이제 다시 길을 나설 시간 이야."

더 멋진 풍경, 이란 말에 나는 힘을 내어 다시 운동화 끈을 조여 맸다. 아침 햇살이 울레리의 롯지로 포근하게 스며들었다.

거머리와 야크 치즈피자

- 쉽게 잠들지 못한 것은 나뿐만이 아닌 밤

두 번째 날은 기온도 선선하고, 해가 강하지도 않았다. 무엇보다도 비가 내리지 않았다. 생각보다 많이 걷지도 않아서 땀 한 방울 흘리지 않았다. 남은 날들이 이렇게만 지나가 주길 바랐다. 하지만 그런 나의 바람을 비웃기라도 하듯, 셋째 날에는 또다시 빗속을 걸어야 했다.

총 8시간을 걸었다. 당시 근무하던 회사에서 점심시간 빼고 딱 사무실에 앉아있는 시간만큼이었다. 오르막길과 내리막길이 지겹도록 계속되었다. 엉덩이가 아파졌고, 내리막길에선 오른쪽 무릎이 특히 견디기 힘들었다. 생전 아파본 적 없던 무릎이었다.

비는 점심 겸 휴식을 취하고 있을 때 시작되었다. 조금 있으면 그치겠지, 하는 마음으로 기다렸지만, 비는 점점 거세게 몰아쳤다. 꼼짝없이 식당에 발이 묶이기 전에 다시 출발해야만 했다.

이미 다 젖어버린 여름 바람막이 위로 잠바를 한 겹 껴입었다. 캄상이 혹시나 하고 챙겨왔던 잠바였다. 잠바 위에는 투명하고 얇은 플라스틱 비닐을 뒤집어썼다. 점심 먹은 가게에서 캄상이 구해다 준 것이었다. 내 꼴이 얼마나 우스워 보일까 하는 생각조차 할 겨를이 없었다. 나의 뉴발란스 990이 점점 만신창이가 되어가는 것 또한 그리 중요한 일이 아니었다.

나무들은 기세등등한 비바람에 잔뜩 움츠러들었고, 풀잎들은 기가 죽어 축 늘어졌다. 나는 넘어질 위기를 여러 차례 넘겼다. 길은 정말 미끄러워, 한 걸음 한 걸음마다 신중을 기하지 않으면 곧장 사고가 날 것만 같았다. 허벅지와 발끝에 힘을 꽉 주고 걸었다. 그렇게 하룻밤을 보낼 마을 입구에 가까워지고 있을 때였다.

"잠깐만! 움직이지 말고 그대로 있어봐!"

캄상이 다급하게 외쳤다. 놀란 나는 그대로 멈춰 섰다. 걸음을 멈추자 뒤집어쓴 플라스틱 비닐 위로 굵은 빗방울이 떨어지는 소리만이 귓가에 가득 찼다.

캄상이 허리를 굽혀 내 발목을 향해 손을 뻗었다. 거기에는 시꺼먼 것들이 있었다. 우기에나 볼 수 있다던 거머리였다. 폭우를 맞아 마실 나온 김에, 반바지에 평범한 운동화 그리고 발목 양말 차림의 공격하기 딱 좋은 트래커를 발견하고는 냉큼 올라탄 것이다. 그들은 나의 발목에 눌어붙어 주린 배를 채우고 있었다. 나는 눈을 질끈 감았고, 캄상이 그들을 내쫓았다.

발목이 어떤지 확인할 생각도 하지 못했다. 숙소가 멀지 않으니 남은 길을 재촉해야 했다. 다리에 흐르는 빗물이 발목의 피를 씻어내고 있었다.

간드룩(Ghandruk)의 롯지는 파란색이었다. 지붕과 모든 방문, 모든 창틀까지도 파란색으로 칠해져 있었다. 굵은 빗줄기도 그 때깔 좋은 파랑을 가릴 수는 없었다.

롯지는 총 3개의 층으로 이루어져 있었고, 2층에는 널찍한 공용 테라스가 있었다. 나는 테라스에서 플라스틱 비닐을 벗어 재끼고 거머리가 올라탔던 곳을 확인해보았다. 오른발 복숭아뼈 아래와 왼발 뒤꿈치에서 피가 흐르고 있었다. 양말은 물론이고 신발까지 시뻘겋게 물들어 있었다. 상처를 눈으로 확인하자 빗속에서는 느끼지 못했던 고통이 스멀스멀 찾아왔다.

내가 배정받은 방은 공용 테라스를 향해 창문이 난 테라스에서 가장 가까운 방이었다. 핫샤워를 할 수 있다는 롯지 직원의 말에 서둘러 욕실로 향했다.

물의 온도는 중간이 없었다. 너무나 뜨겁거나 너무나 차가웠다. 나는 아뜨거!와 으추워!를 반복하며 겨우 샤워했다. 거머리가 붙어있던 곳에서는 계속해서 시커먼 피가 나오고 있었다. 거머리 모양을 닮은 채 숭덩숭덩 쏟아져 나온 핏덩어리들이 배수구로 천천히 떠밀려 갔다. 찬물과 따뜻한 물이 애매하게 뒤엉킨 채 그 뒤를 바싹 쫓았다.

샤워 후에도 피가 멈추지 않아, 감상이 붕대를 둘러주었다. 큰 상처라도 입은 것처럼 발에 붕대를 두르고는 테라스에 자리를 잡았다. 그제야 한숨을 돌렸지만, 비는 여전히 거침없이 내리고 있었다.

저녁은 2층의 테라스에서 먹었다. 나는 야크 치즈 피자를 주문했다. 사실 야크 치즈피자는 꽤 비싼 축에 속했다. 그래서 그전까지는 감히 쳐다

보지도 않던, 내가 주로 먹던 식사와 가격에서 이미 다른 부류에 속하던 메뉴였다. 하지만, 거머리에게 물려 피도 왕창 쏟은 마당에 저녁값이 문제가 아니었다.

맥주 한 병을 비우자 피자가 나왔다. 난생처음 맡아보는 향이 나의 테이블을 잽싸게 뒤덮었다. 도우에 토마토소스, 버섯과 몇 가지 야채를 올린 후 뿌려진 야크 치즈. 첫 맛은 짰다. 맥주와 잘 어울렸다. 허기짐이 우당탕 밀려와 입속으로 마구 피자를 욱여넣었다. 빗속에서 고생만 하다 이런 호사를 부릴 수 있는 게 꿈결 같았다. 피자 조각은 점점 줄어들고, 빈 맥주병은 점점 늘어만 갔다.

비는 지치지도 않는지 계속해서 쏟아졌다. 아무리 애써도 산을 잠기게 할 수 없다는 사실이 분하기라도 한 듯, 굵은 빗방울을 잔뜩 토해냈다. 나는 담요를 둘둘 둘러매고 식어버린 마지막 피자를 꼭꼭 씹었다.

하늘은 시꺼멨고, 빗줄기는 투명했다. 테라스에 달린 몇 개의 전구에서 뿜어져 나온 은은한 노란빛이 빗줄기의 여정을 비추고 있었다. 차가운 비와 노란 빛이 그렇게 맞닿았다. 간드룩 밤의 모퉁이에 그렇게 서로 다른 온도가 만나 밤의 한 가운데로 흘러 들어갔다.

피자가 가득했던 접시를 비워내고도 나는 한동안 테라스를 떠나지 못했다. 온종일 비를 맞으며 걷던 오늘은 오래전 일만 같았고, 내일 걸어야 할 길들은 까마득히 멀게만 느껴졌다. 그저 네팔을 떠나기 전 야크 치즈 피자를 한 번 더 먹는 것, 그것만이 유일하게 해야 할 일 같았다.

테이블 위에 고여있던 피자 냄새는 밤공기 사이로 흩어진 지 오래였다.

발목을 감싼 붕대를 풀러 보았다. 언제 그랬냐는 듯 피가 멎어 있었다. 거머리가 물었던 곳에 딱지가 올라올 준비를 하고 있었다. 그 주위로 간드룩의 차가운 밤공기가 스쳤다.

　마지막 맥주병을 비운 뒤, 방에 돌아가 침대에 곧장 누웠다. 커튼이 창문보다 한참 작아서 그 옆으로 옷가지를 더 걸어두었는데 그 사이로 테라스의 노란 빛이 새어 들어왔다. 테라스로부터 밤늦도록 소곤대는 여행자들의 해석할 수 없는 문장도 함께 방으로 들어왔다. 그래서였을까, 힘든 하루였지만 금방 잠들 수가 없었다.

눅눅한 이불은 무거웠고, 변기에서는 밤새 물이 새는 듯한 소리가 들려왔다. 언제부터 자리를 잡고 있었는지 모를 커다란 파리 두 마리는 침대 주변을 계속해서 맴돌았다. 그래서였을까, 배불리 먹고 맥주를 많이 마셨음에도 쉽게 잠이 오지 않았다.

커튼과 걸어놓은 옷 사이를 비집고 흘러 들어오는 노란 빛을 한참이나 보고 있었다. 그날, 잠이 들기까지 한참의 시간이 필요했다. 어쩌면 꿈결 같던 그 밤이 다시 오지 않을 걸 알기에 조금이라도 더 깨어있고 싶었던 걸지도 모르겠다.

파리 두 마리가 노란빛을 여러 번 스쳐 지나갔다. 쉽게 잠들지 못한 것은 나뿐만이 아닌 밤, 그 밤이 그렇게 천천히 흘러갔다.

모질었던 날씨마저도 따뜻한 기억이 되어

- 여행이 끝나기도 전부터 여행을 그리워하고 있었다.

네팔 트래킹에서 나의 마지막 목적지였던 담푸스(Dampus)에 도착했다.

그날은 간드룩에서 시작하여 란드룩을 지났다. 초반에는 여유로웠다. 담푸스에 도착하는 날이라는 기대가 컸다. 감상과 서로 좋아하는 노래를 번갈아 가며 들려주었다. 아는 노래가 나오면 반가워하고 내친김에 따라 부르기도 했다.

하지만 결코 만만한 길이 아니었다. 극심한 경사의 오르막길과 잔인한 내리막길이 펼쳐졌다. 내딛는 모든 걸음이 무겁고 힘에 겨웠다. 비는 오지 않았지만, 비를 맞는 것만큼이나 땀에 홀딱 젖은 채 걸었다. 담푸스에 도착하면 적어도 삼 일쯤은 그저 푹 쉬어야겠다는 다짐이 나를 걷게 했다.

그리고 영영 도착하지 못할 것만 같던 담푸스에 기어코 도착했다. 벼르고 벼르던 쉼이 손 뻗으면 닿는 곳이었다. 트래킹을 즉흥적으로 결정하게 된 결정적 요소가 되어주었던 담푸스의 롯지. 어찌 보면 그 롯지에 도달하고자 먼 길을 돌아온 것이다.

감격스러워야 했고, 뿌듯해야 했다. 환호할 기운은 남아있지 않더라도 기뻐해야했다. 하지만 그전에 일단 짐을 풀고 땀을 식혀야 했다. 감격하고 기뻐할 시간은 조금 미뤄두기로 했다.

캄상과는 담푸스에서 작별을 했다. 담푸스에서 포카라까지 내려가는 길은 그리 어렵지 않다지만 우리는 서로를 걱정하고 있었다. 이미 산을 두 개 반이나 넘은 날인데, 아무리 금방이라지만 포카라까지 다시 이동해야 하는 캄상을 걱정하는 것은 나의 몫이었다. 길을 거꾸로 가진 않을까 혹은 거머리보다 더한 무언가에 물릴까 나를 걱정하는 것은 캄상의 몫이었다. 내가 그에게 물었다.

"다음에도 트래킹 가이드할 거야?"

"아니! 절대! 이번이 나의 처음이자 마지막이야."

그는 1초의 망설임도 없었다. 우리는 마주 보며 크게 웃었다. 내가 네팔에서 출국하기 하루 전에 카트만두에 다시 갈 테니, 그때 에베레스트 맥주를 함께 마시자는 약속을 나눴다. 마지막 남은 그날의 옅은 햇빛이 그의 하산길을 비춰주었다.

캄상을 보내고 롯지에 짐을 풀었다. 어느덧 흠뻑 흘렸던 땀도 다 말랐다. 방 밖으로 나가니, 저 멀리에서부터 먹구름이 다가오고 있었다. 나는 복도에 자리를 잡고 앉았다. 야외식 복도에 낮은 난간이 있었다. 창문 없이 시야가 확 트여있어, 숙소 앞 풍경을 담기 좋았다.

나의 방은 2층 맨 끝이었다. 큰 방해없이 홀로 즐기기에 좋은 적당한 구석이었다. 난간에 발을 올리고 의자 등받이 위로 고개를 젖혔다. 등의 긴장이 풀리고 잔뜩 들어갔던 어깨의 힘이 느슨해졌다. 먹구름과 어둠이 작은 마을을 금방 뒤덮어버렸다.

문득 정말로 혼자라는 생각이 들었다. 기분이 조금 이상했다. 힘들어서 어서 끝내고만 싶었던 트래킹을 드디어 끝냈지만, 마냥 홀가분하지도 않았다. 오히려 무언가를 빠뜨리고 온 듯한 기분마저 들었다. 빠뜨린 게 무엇인지는 몰랐다. 어디에서 잃어버린 건지도 알 수 없었다.

고개를 두세 번 크게 흔들었다. 그토록 원하던 담푸스의 롯지에 와있다는 것, 내일 날이 밝으면 고대하던 이곳의 풍경을 가득 담을 거란 것, 그 두 가지만 떠올리기로 했다.

다음 날 아침, 잠을 푹 자고 일어난 터라 기분이 상쾌했다. 방문을 열고 나갔다. 비는 오지 않았지만, 날이 잔뜩 흐렸다. 보고 싶었던 담푸스의 풍경은 아니었다. 기다렸던 담푸스의 모습은 쉽사리 나에게 모습을 드러내지 않았다. 설레던 마음이 뜸만 들이다 고개를 푹 숙였다.

기대했던 대로라면, 복도에 앉아 종일 담푸스의 풍경을 담아야 했다. 걷지 않는 하루를 즐겨야 마땅했다. 방문 앞에 마련된 의자에 앉아 두 다리는 복도의 난간에 걸치고 손에는 맥주를 든 채로 말이다.

하지만 마냥 구름이 걷히길 기다리고 있을 수만은 없었다. 짧은 산행에서 배운 점이 있다면, 산의 날씨는 감히 예측할 수 없다는 것.

그저 날이 곧 걷히길 바라며 빨래했다. 몇 벌 되지 않는 옷이었지만 찬

물로 열심히 헹구고 또 헹구느라 두 손이 어느덧 벌게졌다. 찬물로 잘 헹 궈진 옷들을 복도에 있는 빨랫줄에 나란히 걸었다. 옷이 금방 마를 것 같 지 않은 날씨이지만 담푸스를 떠나기 전까지는 마르겠지 싶었다.

나는 빨랫줄 옆에서 맥주를 마셨다. 거머리에 물린 날, 야크 치즈피자 에 들이켜던 맥주 맛이 났다. 서늘한 바람이 훅 내 품으로 파고들었다. 이불 속으로 들어오던 울레리의 새벽 온도가 느껴졌다. 잘 짰다고 생각 했지만, 빨아 널어놓은 옷에서 물방울이 투두둑 떨어지기 시작했다. 비 를 잔뜩 맞아가며, 어디로 향하는지도 모르던 길이 그려졌다. 그리웠다. 모질었던 날씨마저도 어느덧 따뜻한 기억이 되어 있었다. 그 기억에서 부터 모락모락 김이 피어났다. 빨래를 헹구느라 차가워진 두 손을 거기 에 대고 녹였다.

슬렁슬렁 동네 산책을 나섰다. 운동화 대신 쪼리를 신었다. 걷지 않는 하루는 너무 길었다. 완만한 산책길은 편안해서 불안했다. 어릴 적 트램 펄린 위에서 잔뜩 뛰어놀다 내려와 평평한 땅에 발을 디딜 때의 느낌 같 았다.

혼자 걷는 길이 허전하여 핸드폰을 꺼내 음악을 틀었다. 캄상에게 좋아 하는 노래라며 들려주던 곡들이었다. 담푸스에서 들으면 기분이 좋아 춤 이라도 출 줄 알았지만, 흥얼거리는 것조차 내키지 않았다. 담푸스의 한 복판에 있으면서도, 길을 잃은 것만 같았다.

그리고 셋째 날, 비로소 보고 싶던 풍경이 펼쳐졌다. 담푸스를 향하던 내내 꿈에 그리던, 캄상에게 보여주며 이름을 물어보던 사진 속 숙소의 모습이었다. 이틀간 보지 못했던 담푸스의 구석구석까지 싹 다 보일 정도로 날이 개어 있었다.

나는 방문 앞 의자에 앉아, 과일주스 한 팩에 빨대를 꽂아 한 모금 쭉 들이켰다. 끝이 보이지 않는 오르막길에서 꿀꺽꿀꺽 마시던 달콤한 탄산음료의 맛이 났다. 맑은 햇빛이 복도 곳곳을 비추었다. 간드룩에서 맞이한 아침, 파란 롯지를 더욱 파랗게 해주던 아침 햇빛이 보였다. 어제 해가 지기 전까지도 마르지 않았던 옷들이 어느덧 다 말라 바람에 흔들렸다. 땀에 흠뻑 젖은 이마 위로 스쳐 가던 길 위의 옅은 바람이 느껴졌다.

기다리던 풍경을 앞에 두고, 지난 며칠의 기억을 자꾸만 꺼내고 있었다. 거칠었던 길마저도 그리운 기억이 되어 있었다. 그 기억이 담푸스에서 조용히 피어났다. 여행이 끝나기도 전에 이미 여행을 그리워하고 있었다. 과일주스의 마지막 한 모금을 마저 쪼르르 마셨다.

나는 하루 더 머물려던 계획을 취소하고 다시 짐을 쌌다. 그날의 햇빛이 내가 걸어왔던 모든 길을 묵묵히 비추고 있었다. 가방을 다시 야무지게 메고, 머리를 질끈 하나로 묶고, 까만 선글라스를 바로 썼다. 하산하기 딱 좋은 날씨라고 혼잣말하며, 포카라를 향해 길을 나섰다.

담푸스의 숙소가 나의 뒤를 든든히 지켜주었고, 빨랫줄에서 하룻밤을 보낸 옷에서는 담푸스의 냄새가 났다.

킬리만자로 등반과 함께 시작된 생리

- 4박 5일 여정의 시작

탄자니아에서 지낸 지 어느덧 10달이 지났을 때였다. 두 달 뒤면 떠나게 될 탄자니아에서 그동안 하지 못했던 것들을 하나씩 하고 있었다. 일정상 혹은 주머니 사정상 포기해야 하는 것들도 있었다. 하지만 다른 많은 것을 기약 없이 미루더라도 '킬리만자로 등반'은 꼭 실행에 옮기고 싶었다. 충분한 일정이 필요하고, 꽤 돈도 많이 들어가는 것이었지만, 쉽게 포기가 되지 않았다.

석 달 전, 세렝게티를 여행할 때 만났던 가이드가 독립적으로 여행사를 차렸는데, 아주 적극적으로 나를 영업하길래 흔쾌히 넘어가 주었다. 나는 친구 M과 함께 킬리만자로 등반을 예약했다.

킬리만자로 등반에는 몇 개의 루트가 있는데, 우리가 택한 것은 코카콜라 루트. 가장 흔하고, 짧은 시간이 소요되지만, 그렇기에 등정률은 50%가 채 되지 않는 코스이다. 고산 적응에 충분한 일정이 되지 못하다는 점은 불리하게 작용하지만, 텐트가 아닌 산장(Hut)에서 잘 수 있다는 장점이 있었다.

다레살람(Dar es salaam)에서 약 50분 비행하여 탄자니아의 북쪽 도시 모시(Moshi)에 도착했다. 해발 0m의 해안지대에서 지내다가 해발 1km 가까이 올라오자 어색한 서늘함이 훅 끼쳤고, 멀고도 가까이에서 장엄한 킬리만자로의 기운이 서서히 느껴졌다. 등반은 사흘 후부터 시작이었다.

출발 하루 전, 여행사 사람들을 만나 미팅을 가졌다. 일정과 주의 사항 등에 대해 듣고, 등반 때 입어야 할 옷과 신발을 배정받았다. 누가 입었던 건지도 모르고, 세탁이나 제대로 된 건지 알 길이 없는 옷과 신발을 억지로 떠안았다.

추우면 얼마나 춥겠어? 싶었던 마음이 삼일 뒤 밤에는 한 겹이라도 더 챙길 걸, 이라는 마음으로 바뀌었고, 네팔에서도 뉴발란스 운동화를 신고 다녔는데 꼭 저 무거운 등산화를 신어야 하나? 했던 마음은 바로 다음 날 눈 녹듯이 사라졌다.

체력 관리는 출발 2주 전부터 하루에 1분씩 3번 했던 플랭크(plank)가 다였지만, 오래 걷거나 산을 오르거나 하는 것은 오기로 하는 것이라 믿었다. 한 번도 겪어보지 못했던 고산병은 달리 미리 걱정한다고 방도가 없고, 예방할 수도 없으니 일단은 챙겨가는 진통제를 믿는 수밖에. 등반 전날 짐을 챙기며, 탄자니아의 대표 맥주인 킬리만자로 맥주 한 병을 배낭 속에 찔러 넣었다. 킬리만자로 정상에 올라가 킬리만자로 맥주병을 들고 사진을 남기란 소박한 다짐 하나를 함께 배낭 속에 담았다. 그 다짐이 절대 소박한 다짐이 아님을 그때는 감히 예상하지 못했을 뿐이었다.

디데이가 되었다. 맥주를 마시며 신나게 떠들던 어제는 아주 오래전처럼 느껴졌고, 공기는 무겁게 내려앉아 모든 것을 차갑게 진정시켰다. 어색한 신발 속으로 두 발을 넣고, 킬리만자로의 입구로 향하는 차에 올라탔다. 나와 M은 평소처럼 농담을 주고받았지만, 사실은 둘 다 긴장하고 있었다. 서둘러 먹은 아침이 제대로 소화가 되지 않는 기분이었다. 점점 더 높은 곳으로 빠르게 향할수록 귀가 먹먹해져 억지로 침을 여러 차례 삼켰다.

그렇게 해발 1,879m에 도달했다. 우리는 벌써 2,000m 가까이 차로 올라와 버렸다며 쉬엄쉬엄 올라가도 되겠다는 둥 너스레를 떨었다. 입산 전에 작성하고 신고해야 할 서류들이 있었다. 마치 정말 무슨 일이라도 입산 후에 일어날 것이고 그러면 이 서류들만이 우리가 산 어딘가에 있다는 것을 알려주는 마지막 증명서라도 될 것처럼 세심하고 중대한 마음으로 서류를 신고했다.

입산 전 마지막으로 화장실에 들렀다. 그런데, 이럴 수가. 생리가 시작되었다. 며칠 전부터 마음이 긴장했던 탓인지 예정일이 2주나 지났는데도 시작하지 않던 생리가 킬리만자로 입구에서 시작된 것이다.

앞이 까마득해졌다. 산에서 보내야 할 시간이 자그마치 4박 5일이었다. 왜 하필 지금일까 하는 억울함과, 미룰 거면 조금만 더 기다려주지 하는 못마땅함이 내 표정을 굳게 했다. 혹시나 하는 마음에 모시에 도착해서 생리대와 물티슈를 사둔 것은 그나마 다행이었다. 고산병을 걱정하며 챙긴 진통제도 있었다. 그래, 무슨 일이야 있겠어? 일단, 차근히 걷고 도착하면 쉬고, 뭐 산장에 화장실은 있다고 하니까 뭐 어떻게든 되겠지, 라고 주문처럼 중얼거리며 입산을 시작하였다.

첫날의 코스는 상당히 완만했다. 간밤에 비가 많이 내렸는지, 중간중간 진흙 길도 여러 차례 지나쳤다. 바닥은 축축했고, 나무들은 촉촉했다. 나는 생리통이 시작되기 전에 고생을 할 수 있을 만큼 해두고 싶었다. 하지만 가이드는 첫날이니만큼 가볍게 걸으며 몸을 산에 적응시켜야 한다고 했다. 역시나 내 마음대로 되는 일은 하나도 없었다. 오늘의 고생을 내일로 쌓아두는 기분이 들었지만 어쩔 도리가 없었다.

큰 어려움 없이 도착한 첫날의 만다라 헛(Mandara Hut)은 해발 2,720m였다. 뾰족한 세모 모양의 지붕을 한 방들이 줄지어 우리를 반겨 주었다. 방 안도 제법 구색을 갖추고 있었다. 우리가 배정받은 산장은 4인실이었지만 우리 둘이서만 쓸 수 있었다. 화장실과 식사를 할 수 있는 다이닝 룸도 그리 멀지 않은 곳에 있었다.

킬리만자로 입산은 개별로는 금지되어 있고, 무조건 등반객 한 명당 한 명의 가이드가 붙어야 한다. 게다가 식사를 해결할 곳이 없기에 요리사와 요리사 보조와 식재료와 요리 도구들을 날라줄 포터들도 필요하다. 걸을 때는 가이드들만 곁에 있어 몰랐지만, 도착해서 보니 고작 우리 둘을 위해 길을 나선 이들이, 가이드 포함 8명이었다.

짐을 풀고 나자 우리의 방 앞으로 포터들이 따뜻한 물을 한 대야씩 준비해주었다. 화장실에 따뜻한 물이 나오지 않으니 이 물로 세수를 하고

손, 발을 닦으란 것이었다.

잔뜩 차가워진 손이 따뜻한 물 속으로 미끄러지듯 들어갔다. 킬리만자로의 차가운 바람도 따뜻한 물에 맺혔다. 손이 따뜻해지기도 전에, 따뜻한 물이 식어버렸다.

무거운 산 공기가 짙게 깔린 만다라 헛에서의 오후는 빠르게 지나갔다. 우리보다 늦게 출발한 이들도 하나둘 도착하여 짐을 풀었다. 요리사들은 각자의 여행객을 위해 요리를 시작했고, 포터들은 일과를 마친 후의 여유로운 시간을 보내고 있었다.

나는 다가올 내일이 어떨지 전혀 상상하지 못했다. 무엇보다도 킬리만자로에 입산해있다는 사실이 믿기지 않았다. 다음 날 아침이 밝을 때까지도.

별들의 자장가

- 눈을 끔뻑이는 시간조차 아까웠다.

둘째 날이 밝았다. 잠이 깸과 동시에 아랫배에서 고통이 시작된 것이 느껴졌다. 어김없이 생리통이 찾아온 것이었다. 아침을 먹자마자 진통제를 삼켰다. 추적추적 비도 내리기 시작했다. 전날보다 옷을 더 껴입고, 그 위에 우의까지 겹쳐 입고 길을 나섰다.

고산증을 예방하기 위해서는 물을 많이 먹어야 했다. 그런데 그날은 화장실을 가장 자주 들락거리는 생리 둘째 날이기도 했다. 그렇다고 내가 가고 싶을 때마다 편하게 화장실을 갈 수 있는 것도 아니었다.

가이드는 물을 계속 먹으라고 했지만 나는 화장실 걱정에 좀처럼 물을 많이 마시지 못했다. 남자 사람인 나의 동행자 M은 여기 모두가 다 화장실이라는 가이드의 말을 따라 시원하게 길을 가다 볼일을 보았다. 나는 그 모습이 야속하기만 했다.

점심 도시락을 먹기 위해 들른 곳에서 가이드가 화장실을 안내해주었다. 분명히 화장실이라고 쓰여있긴 했지만, 그것은 그저 어느 '구멍'에 가까웠다. 아래쪽으로 크게 파 놓은 구덩이, 그 위로 불안하게 얹어놓은 판

자. 문도 지붕도 없는, 그곳이 화장실이었다. 그저 누가 툭 치면 쓰러질 것 같은 얇은 판자만 가림막처럼 세워져 있었다. 그 와중에도 비는 꾸준히 내리고 있었다. 나의 우비 위로, 화장실의 구멍 아래로 비가 토독토독 떨어졌다.

킬리만자로 등반 두 번째 날의 목적지는 해발 3,720m의 호롬보 헛(Horombo Hut)이었다. 이전에 내가 걸어서 가장 높이 올라갔던 곳이 해발 3,210m였으니 그 높이를 넘은 것이다. 진통제를 먹어둔 덕분인지 나는 (그때까지는) 고산증이 느껴지지 않았다. 반면 M은 그날부터 고산병 증세를 호소했다. 우리는 사이 좋게 진통제 두 알씩을 나눠 먹었다.

호롬보 헛에는 이미 등반을 마치고 하산 중인 트래커들과 정상을 향해 올라가는 트래커들이 모이는 곳이라 북적북적했다. 어느 무리는 축제 분위기가 한창이었다. 등반을 마친 이들이 내뿜는 열기, 그들의 자랑스러움이 가득한 얼굴, 다들 이야깃거리가 많은 듯한 분위기가 여기저기에 가득했다. 그들은 아직 갈 길이 먼 '올라가는 중인' 우리에게 뭐라뭐라 조언해 주기도 하였지만 사실 별로 와닿지가 않았다. 그저 최대한 체력 관리를 하며 쉴 수 있을 때 쉬어 둬야 했다.

호롬보 헛은 경사가 져서 약간 비스듬한 부지에 작은 방들이 여러 채 줄지어 있었다. 화장실은 언덕을 올라가야 했다. 게다가 내가 배정받은 방에서 멀었다. 걱정되어 자기 직전에도 화장실을 갔지만, 역시나 자는 도중에도 화장실을 가야 했다.

차갑고 어두운 밤, 침낭 속을 빠져나가는 것은 좀처럼 쉬운 일이 아니었다. 따뜻함을 겨우 물리치고 신발을 신고 랜턴을 들고, 준비물을 챙겨서 방을 나섰다. 저 멀리 화장실에 달린 전구가 희미하게 빛나고 있었다. 산마저 잠든 고요한 시간이었다.

화장실 안에 들어가자마자 지독한 냄새가 코를 찔렀고, 차디찬 물로 손을 씻는 일은 끔찍했다. 나는 화장실에서 나오자마자 숨을 크게 들이켰다. 그리곤 나는 다시 나의 방을 찾아 내려가는 길. 워낙 방들이 다 똑같이 생겨서 랜턴으로 주위를 잘 살펴야 했다. 방에 다 와 갈 무렵, 나는 랜턴으로 비추던 길에서 눈을 떼고 하늘을 올려다보았다.

문득 올려다본 그 하늘은 추위도, 생리통도, 그리고 내가 서 있는 곳이 어딘지도 잊게 했다. 하늘은 참으로 가깝고도 깊었다. 다가가면 다가갈수록 더 깊은 하늘이 있다는 것을, 어서 와보라는 듯 두 팔을 벌려 환영해주고 있었다. 나는 잠시 랜턴을 끄고 어둠에 잠겨 밤하늘의 별들을 넋을 놓고 바라보았다. 눈을 끔벅이는 시간조차 아까웠다.

별들이 수군대는 소리가 잠든 산의 등허리로 사뿐히 내려왔다. 그것은 노래가 되고, 자장가가 되어 나의 침낭을 타고 미끄러져 들어왔다. 얼음장 같은 손을 호호 불며 그 밤에 잠겨 할 수 있는 한 오래 별들의 소리를 들었다.

킬리만자로에서의 세 번째 날이 밝았다. 산의 허리춤으로 안개가 비집고 들어와 안기는 아침이었다. 상쾌한 기분을 기대하며 잠에서 깼지만,

밀려드는 아침 추위와 함께 두통이 따라왔다. 머릿속에서 여러 개의 바늘이 무자비하게 공격해댔다. 나는 머리를 부여잡은 채, 침낭 속에서 한동안 나가지를 못했다.

　포터 친구들이 방 문 앞에 따뜻한 세숫물을 가져다주었지만, 차마 문밖으로 몇 걸음 나갈 수도, 아니 침낭 밖으로 몸을 빼낼 수조차 없었다. 차가운 안개는 방 안까지 도착하여 방 안을 눅눅하게 했다.

　M은 침낭의 따스함을 과감히 접어버렸지만, 상황이 안 좋아 보이기는 마찬가지였다. 각자의 상황이 점차 안 좋아지고 있어 우리는 서로를 신경 쓸 겨를이 없었다. M은 머리를 부여잡은 채, 나는 침낭 안에서 몸을 최대한 돌돌 만 채 움직이지를 못했다. 결국 우리의 가이드가 우리를 살피러 왔다.

　나의 가이드 니콜라스가 심각한 표정으로 나를 어르고 달래며 침낭 밖으로 나오도록 했다. 바닥에 발을 딛고 일어서려는데 너무 어지러워 중심을 잡기도 힘들었다. 심장이 머리에 달려있다 아무도 모르게 제 자리를 찾아가는 소리가 들렸다. 쿵, 철그덩, 다시 쿵.

　겨우 식사 장소로 이동하였다. 우리의 요리사가 아침부터 정성스레 차려준 아침 식사가 준비되어 있었다. 메뉴는 전날 아침과 똑같았다. 분명 어제 아침에는 '우와, 야 이거 맛있다!'라며 신나게 먹었던 죽이 오늘은 헛구역질을 유발했다. 숟가락이 마치 돌덩이라도 되는 것처럼 힘겹게 집어 들고는 죽을 한 숟가락 떠서 입으로 가져갔다. 하지만 입 속으로 그

것을 넣는 일, 또 몇 번 씹고 삼켜내는 일이 몇만 보를 걸어내는 일만큼 힘겹게 느껴졌다.

니콜라스가 옆에서 걱정스러운 얼굴로 나를 쳐다봤다. 난 그에게 '어떻게 가이드들과 포터들은 그렇게 다 멀쩡할 수 있냐'는 바보 같은 질문을 겨우 내뱉고는 숟가락을 놓아버렸다. 죽에는 차마 손을 대지 못하고 몇 개의 과일만 겨우 집어 먹었다. 그렇게 시작된 고산병이 얼마나 지독하게 나를 괴롭힐지, 그때는 감히 상상도 못 했다.

고산병의 무게를 이고

- 세상의 모든 불안과 걱정과 고통을 끌어안은 키보 산장

길을 나섰지만, 자꾸만 아침 죽의 냄새가 맴돌았다. 그때마다 머리가 더 아팠다. 헛구역질은 덤이었다. 해발 3,720m의 호롬보 헛에서 출발하여 해발 4,720m의 키보 헛(Kibo Hut)으로 향했다. 싱그러운 숲길을 걸었던 첫째 날, 생전 처음 보는 다양한 식물들이 존재함을 알았던 둘째 날, 그리고 고산병을 떠안고 가는 셋째 날. 어느덧 산은 헐벗은 채였다. 첫날에는 당당히 카메라를 어깨에 메고 걸었지만, 셋째 날이 되자 카메라는 커녕 주위를 둘러볼 여유조차 없었다.

한 걸음, 한 걸음이 고통이었다. 아주 천천히 한 걸음 다음 또 한 걸음을 옮겼다. 왼 무릎을 들고 앞으로 내디뎌 보자, 따라오는 왼발이 아주 조심스럽게 허공을 가르고 땅에 닿을 때까지 오른 다리로 버텨보자, 그리고 다시 왼 다리에 힘을 주고, 다시 그렇게. 모든 순간이 쉽지 않았다. 나는 몇 번이고 멈춰 서서 모든 것을 게워낼 것처럼 굴었지만, 정작 나오는 것은 고통스러운 앓는 소리뿐이었다. 그 길 위에서 나는 대화를 잃고, 웃음을 잃고, 눈빛의 초점마저 잃었다.

길은 가도 가도 끝이 없었다. 키보 산장이란 곳이 도대체 있기는 한 건지 의구심이 들었지만, 그것을 장난스레 따져 물을 힘조차 남아있지 않았다. 그냥 걷고 있는 행위 자체가 기적이었다. 해발고도가 높아질수록 머리는 더욱 무거워졌다. 작은 과일 씨앗이 서서히 자라나며 통통하게 부피를 늘려가는 것처럼, 머리는 자꾸만 커져가 내 어깨를, 허리를, 무릎을 짓누르고 있었다. 싱그러운 과즙이 팡팡 터지듯, 머릿속에서도 알 수 없는 무언가가 계속해서 팡팡 터져 나갔고, 그때마다 걸음을 멈출 수밖에 없었다. 그러면 또 한차례 뱃속에서 무언가 출렁하여 '으엑'거리며 나는 입을 틀어막을 수밖에 없었다.

정신이 점점 아득해지고, 정말로 이제는 내가 걷는다는 사실조차 느껴지지 않을 때 그 말로만 듣던 키보 산장에 도착했다. 평균 네 시간 정도 걸리는 거리를 여섯 시간 동안 올라갔다. 황량하고 추워서 너무나 고되었던 길, 이제는 좀 쉴 수 있겠다는 생각에 작은 행복을 느껴야 하지만, 그럴만한 여유조차도 갖지 못했다.

걸음이 멈추자 금세 몸이 너무 추워졌다. 한기가 미친 듯이 온몸을 찢어놓았다. 찢어진 사이사이로 멈추지 않고 산의 차가운 공기가 스며들었다. 온몸이 시려 이를 바들바들 떨었다. 따뜻한 차를 계속 마셨지만, 화장실을 가는 횟수만 늘어났다. 화장실은 어찌나 먼지, 화장실로 향하는 것 자체가 또 다른 고통이었다.

키보 산장은 마치 수련원 같았다. 여러 개의 커다란 방 안에 이층 침대가 빼곡하게 들어차 있었다. 나와 M은 나란히 2층 칸에 자리를 배정받았다. 그 위에서 고개를 숙여 힘겹게 침낭을 펼쳤다. 유일하게 몸을 널

수 있는 곳이었다. 그런데 어찌나 추운지 계속해서 몸을 웅크리고 있어야 했다. 난 그대로 몸이 굳어버리는 것은 아닌가 싶었다.

진통제는 쓸모가 없어진 건지, 진통제를 먹었기에 이렇게 살아는 있는 건지, 아니 아무 생각 말고 잠이라도 조금 자자 싶었지만, 잠이 올 리가 없었다. 머리가 너무 아파 눈을 감고 있는 와중에도 미간의 인상을 펼 수 없었다.

가이드는 나에게 이럴수록 뭔가를 먹어야 한다고 했다. 하지만 나는 아무것도 입에 댈 수가 없었다. 이 높은 곳까지 물과 음식과 조리 도구들을 이고 온 우리의 요리팀과 포터들에게는 너무나 미안하지만, 도저히 아무것도 입에 넣을 수가 없었다. 추운 몸 녹이라고 따뜻한 죽을 덥혀주었지만, 이제는 죽 냄새만 맡아도 토할 것만 같았다.

몸의 상태는 매 순간이 최악인 것 같았지만, 진짜 고통은 자정부터 시작될 것이었다. 우리의 다음 일정은 바로 4시간 뒤인 밤 11시에 일어나서 킬리만자로의 정상으로 향할 준비를 단단히 하는 것.

출발 예상 시간은 밤 11시 30분. 말도 안 되는 일정을 들으며, 모든 것은 몇 시간 뒤에 일어날 일이 아닌 그저 자음과 모음으로 이루어진 몇 가지 단어들의 형상으로 다가왔다. 그것들은 힘을 갖지 못하고 뿔뿔이 흩어져 희미한 시야 속으로 사라졌다.

고산병으로 앓아누운 여행객들에게서 나오는 고통의 신음 소리가 방마다 넘쳐났다. 한 독일인 할아버지는 고산병을 이기지 못하여 긴급 구조대의 들것에 실려 키보 산장을 떠나기도 했다. 다음 들것에는 내가 실려있는 것은 아닐지 심각하게 걱정하며, 번데기처럼 몸을 말아 도저히 오지 않는 잠을 청했다. 세상의 모든 불안과 걱정과 고통을 끌어안은 키보 산장은 그렇게 저녁과 밤의 경계에 홀로 남아 우두커니 지독한 자정을 준비하고 있었다.

이미 코를 미친 듯이 골며 잠에 빠진 이, 각자의 증상을 호소하며 앓는 이, 침낭 밖을 나가기 싫어 화장실 갈 일을 계속해서 미루는 이, 과연 내가 할 수 있는 일일까 끊임없이 자신을 의심하는 이, 내가 왜 이곳에서 이런 고통을 받는 것일까 후회로 얼룩진 이들이 한데 모인 키보 산장. 킬리만자로의 정상은 그런 우리들을 내려다보며, 어떤 얼굴로 길을 내어 줄지를 고민하고 있었다. 하늘은 말이 없었고, 시간은 성실히 흘러갔고, 추위는 잔인하게 깊숙이 모두에게 파고들었다.

결국 한숨도 못 잤다. 눈을 감고 초조한 마음만 키워냈다. 내 몸이 내 몸 같지 않았다. 생전 상상하지 못했던 잔인한 무게가 머리에 또 발목에까지 달려 있는 것만 같았다. 밤 열한 시가 되고, 나의 가이드 니콜라스가 나를 침낭에서 나오게 했다. 거짓말 같았다. 나는 니콜라스에게 내일 올라가면 안 되냐고, 몇 시간이라도 잠을 제대로 자고 올라가면 안 되냐고 물어봤지만, 되돌아오는 대답은 "우린 이미 늦었어, 다들 출발했어. 정상에서 일출을 보고 싶지 않아?"였다. 일출이라는 말에 아주 조금은 가슴이 뛰었다.

침낭에서 나오다가 다시 눕고, 앉았다가 다시 눕고, 머리의 무게에 압도당해 눈물까지 흘려대며 준비했다. 레깅스 한 장 입고 시작한 등반은 어느덧 바지 네 장을 입고 있는 지경에 이르렀다. 뭔가를 입고 또 입었다. 상의는 겉옷까지 다섯 장의 옷을 겹쳐 입었다. 그러자 움직임이 둔해질 수밖에 없었지만, 너무나 추웠기에 별다른 방도가 없었다. 세 장의 양말을 신고, 신발을 늘려서 신은 뒤 키보 헛을 나섰다.

바람이 세차게 불고 있었다. 몸 여기저기로 바람이 거세게 들어찼다. 입도 뻥긋할 수 없었다. 너무나 차가운 물에 빠져 연거푸 숨을 쉬기 위해 자꾸만 물 밖으로 나가려 하지만, 물의 압력에 압도당하여 도저히 숨 쉴 구멍을 찾지 못하는 기분이었다. 모든 것에 현실성이 없다가도, 너무나 추워 감히 넋을 놓을 수도 없는 지경이었다. 그렇게 밤 열두 시부터 킬리만자로의 정상을 향한 등반을 시작했다. 그때는 몰랐다, 내가 아침 아홉 시나 되어서 정상에 도착할 줄은.

세 개의 봉우리, 가장 높은 곳으로

- 킬리만자로 맥주도 함께

시작부터 엄청 가파른 오르막길이었다. 보이는 것이라고는 아무것도 없는 캄캄한 밤에 그저 앞에 난 발자국들을 쫓아서 한 걸음, 한 걸음을 내디뎠다. 충분히 많이 걸었다고 생각하여 위를 올려다보면, 앞서간 이들의 헤드랜턴 빛만이 촘촘히 펼쳐져 있었다. 그 끝은 보이지 않았고, 나는 좌절했다. 참으로 더디고 무거운 시간이었다.

걷고 걷다 지쳐 그저 길바닥에 눕기도 했다. '나는 더 이상 못 걷겠다.'라는 말조차 내뱉기 힘겨웠다. 하지만 그럴 때마다 10초 이상을 견디지 못했다. 눈밭 위에 눕자 살인적인 추위가 느껴졌기 때문이다. 마치 불에 데이듯 허겁지겁 바닥의 눈을 피해 일어났다.

내가 할 수 있는 것은 정말이지 걷는 것밖에 없었다. 니콜라스는 계속해서 "폴레 폴레(Pole Pole)"를 주문처럼 외웠다. 그 뜻은 '천천히, 천천히'이다. 탄자니아 문화를 가장 잘 보여주는 말이기도 하다. 사방은 여전히 어둡고, 나는 멈출 수도 달릴 수도 그렇다고 누워 버릴 수도 없는 킬리만자로의 눈 덮인 길 위에서 니콜라스의 "폴레 폴레"를 마법사의 주문처럼 들었다.

킬리만자로 정상에서 일출을 보는 것, 을 해낸 이가 있기는 한 걸까? 날이 밝은 줄도 몰랐는데 문득 정신을 차려보니 내 신발 끝으로 아침 해가 들어와 있었다. 천천히 고개를 들어 주위를 살피니, 주위의 것들이 하나둘씩 시야에 들어오기 시작했다. 끝나지 않을 것 같은 밤이 끝난 것을 비로소 느끼자, 이 걸음도 어딘가에는 다다를 수 있겠다는 작은 희망이 솟아올랐다.

킬리만자로에는 총 세 개의 봉우리가 있는데, 셋 중 어느 곳만 도착해도 킬리만자로 등정을 완료했다는 수료증을 준다. 가장 처음으로 만나는 봉우리는 길만스 포인트(Gilman's Point, 5,681m). 사실 등반 이틀 전까지만 해도 킬리만자로 꼭대기에서 찍은 사진들이 다 같은 곳인 줄 알았는데, 세 개의 봉우리가 있다는 사실을 알고 나와 M은 그래도 여기까지 왔는데 가장 높은 곳을 찍고 가야 하지 않겠느냐고 마음을 모았다. 그렇기에 우리 눈앞에 갑작스레 나타난 길만스 포인트는 정말이지 영 반갑지 않았다. 오히려, 셋 중에 가장 낮은 곳이라 그런지 초라해 보였다. 우리는 그곳을 사진도 찍지 않고 지나갔다.

첫 번째 포인트를 지나치자 나는 오히려 밤새 없던 힘이 생기는 것 같았다. 정말이지 얼마 안 남았다는 사실이 나를 흥분하게 만들었다. 니콜라스는 여전히 폴레 폴레를 주문처럼 외우고 있었고, 어느덧 말할 기운이 생긴 나도 함께 폴레 폴레를 읊조리고 있었다.

두 번째로 스텔라 포인트(Stella point, 5,756m)에 도착해서는 정말 깊은 고민에 빠지지 않을 수 없었다. 가장 높은 우후루 피크(Uhuru peak)

까지 얼마 남지 않았지만, 그렇다고 단숨에 갈 수 있는 거리도 아니었다. 저 멀리 우후루 피크가 눈에 들어왔다. 우후루 피크는 내게 어서 오라고 손짓하지도, 응원의 눈빛을 보내지도 않았다. 그저 차오르는 아침 속에서 꿋꿋하게 그 자리를 지키고 있을 뿐이었다.

스텔라 포인트의 길목에서 잠시 쉬며 초코바를 먹으려 했지만, 초코바는 이미 꽝꽝 얼어 차마 먹을 수가 없는 지경이었다. 저 멀리서 스텔라 포인트를 쳐다만 보고 돌아가는 이도 보였고, 이미 우후루 피크를 찍고 하산하는 이들도 보였다. 더 이상 지체할 수 없었기에 나와 M은 일어나서 계속해서 위로 올라갔다. 다행히도 우후루 피크까지의 길은 완만했다. 하지만 나를 걷게 하는 것은 길이 완만해서도, 아침 햇살이 따스해서도, 걸을만 해서도 아니었다. 어차피 내려가야 한다면 정상까지 조금 더 걷다가 내려가야겠다고 오기를 부린 것이었다.

그렇게 멀리서만 보이던 우후루 피크가 이제 바로 눈앞에 있었다. 해발 5,895m였다. 꼬박 아홉 시간을 걸은 후였다. 숨은 너무나 거칠었고, 내가 살아있는 게 맞느냐고 니콜라스에게 몇 번이나 물어보았다. 킬리만자로 등반을 준비하며 보았던 몇 장의 사진들이 스쳐 갔다. 정상에서 환히 웃고 있는, 해냈다는 승리감에 심취한, 세상을 다 정복한 듯한 그런 사진들 말이다. 사흘 전만 해도 내가 정상에 오른다면 환히 웃으며 두 팔을 쫙 벌리고 기쁨을 만끽할 거라 생각했다. 하지만, 막상 정상에 오르자 아무것도 하고 싶지 않았다. 마냥 기뻐하기엔 너무 추웠다.

우후루 피크 뒤로 펼쳐진 배경은 온통 안개에 가려져 있었다. 안개인

지, 눈발인지, 그냥 흐렸던 건지도 사실 모르겠다. 그래서 그냥 아무 곳에나 우후루 피크라고 누가 사인을 세워놓은 것 같았다. 나는 바로 내려가고 싶다고 했지만 니콜라스가 사진을 찍어놓아야 후회하지 않는다고 했다. 하지만 이렇게 추운 곳에 처음 와본 나의 카메라는 놀란 나머지 제대로 작동하지 않았다. 결국 누군가의 핸드폰으로 우리는 사진을 찍기 시작했다.

  나는 등반 첫날부터 함께 했던 가방 속의 킬리만자로 맥주를 꺼내 들었다. 힘겹게 장갑을 벗고, 덜덜 떨리는 손으로 얼어버린 맥주병을 들고 포즈를 취했다. 사진을 위해 아주 힘겹게 미소를 지어 보였다. 찬 바람에 얼굴 근육이 얼마나 굳어 있었던지, 미소를 짓는 것도 고통이었다. 킬리만자로 맥주의 상표는 제대로 보이지도 않아 그저 정상에서 맥주병을 들고 있는 사람처럼 나온 사진이었지만 그래도 좋았다. 혼자만의 미션을 완성

해낸 후 왔던 길을 다시 돌아갈 힘을 얻었다.

정상을 찍고 올라갔던 길을 다시 내려가는 길은 기분이 꽤 이상했다. 내가 해냈다는 느낌보다는 서둘러 갈 길을 가야겠다는 마음이 컸다. 금방이라도 어둠이 뒤에서 덮쳐올 것만 같아 우리는 서둘렀다. 지루하게 완만한 길과 금방이라도 미끄러져 내려갈 것만 같은 가파른 길을 번갈아 내려갔다. 정상을 찍고 점점 낮아지는 고도에 몸도 마음도 함께 안정을 취해가는 것 같았다.

밤 열두 시부터 시작하여 장작 열일곱 시간 동안 오르고 내렸던 그날은 킬리만자로에서 보내는 마지막 날 밤이었다. 두 번째 날 밤을 보냈던 호롬보 헛(Horombo hut)으로 다시 돌아왔다. 불과 이틀 전에 왔던 곳이라는 게 믿기지 않았다. 변한 것은 없었지만, 많은 것이 일어난 이틀이었다. 함께 등반했던 킬리만자로 맥주를 꺼내 들었다. 나는 375ml의 맥주를 4등분으로 나누어, M과 우리의 가이드들과 나누어 먹었다.

힘차게 건배하고 작게 한 모금 들이켰다. 정상으로 오르며 함께 고산병을 느끼고, 비를 맞고, 차가운 밤을 맞이했던 맥주였다. 그런 맥주가 식도를 타고 넘어가 잽싸게 온몸에 흘렀다. 다시 한 모금 더 마셨다. 뜨겁고도 차가운 정상에 흩날리는 눈발의 맛이 났다. 마지막 한 방울까지 입 안에 털어 넣었다. 문득 정말로 해냈다는 벅차오름이 느껴졌다.

해발 3,720m는 세 모금의 맥주에도 취기가 오르게 했다. 나와 M은 내려가자마자 하고 싶은 것들을 이야기했다. 뜨거운 물로 오랫동안 샤워하기, 침낭 아닌 폭신한 이불 덮고 누워있기, 맥주 벌컥벌컥 들이켜기, 아무 것도 하지 않고 가만히 있기, 사흘째 쓰지 못한 인터넷 쓰면서 정상에서 찍은 사진 여기저기에 보내주기까지.

꿈결 같은 길의 끝자락에서 우리는 또 다른 꿈을 꾸며 그렇게 킬리만자로에서의 마지막 밤을 보냈다.

* 지구를 위해 친환경재생지를 사용합니다.

잘 들렀다 갑니다

초판 1쇄 2023년 3월 25일
지 은 이 맹가희
펴 낸 곳 하모니북

출판등록 2018년 5월 2일 제 2018-0000-68호
이 메 일 harmony.book1@gmail.com
전화번호 02-2671-5663
팩 스 02-2671-5662

ISBN 979-11-6747-106-2 03980
© 맹가희, 2023, Printed in Korea

값 18,800원

이 도서의 국립중앙도서관 출판예정도서목록(CIP)은 서지정보유통지원시스템 홈페이지(http://seoji.nl.go.kr)와 국가자료공동목록시스템(http://www.nl.go.kr/kolisnet)에서 이용하실 수 있습니다.

색깔 있는 책을 만드는 하모니북에서 늘 함께 할 작가님을 기다립니다.
출간 문의 harmony.book1@gmail.com